"十四五"职业教育国家规划教材 修订版

COMPUTER TECHNOLOGY

嵌入式Linux
开发技术基础 第2版

主　编　丰　海　张万良

副主编　邓汉勇　胡　钢　胡德清

参　编　车亚进　王志泉　康　凌　彭国兰

机械工业出版社

CHINA MACHINE PRESS

本书结合人工智能的新技术,如语音识别、人脸识别、图像识别和目标检测,介绍了嵌入式 Linux 系统的开发,构成了"项目驱动,做中学,学中做"相互融合的教学体系。以学生的"实践"为中心,精心设计了实践性强、技术前沿的综合实践项目,如环境监测系统、视频入侵报警系统、智能遥控车、基于人脸识别的考勤系统、目标检测等。这些项目能够激发学生的学习兴趣,提升学生的实践能力,贴近企业实际工作岗位的要求。

本书可作为高等职业院校电子与信息大类、自动化类等专业的教学用书,也可作为嵌入式开发人员的参考用书。

本书配有微课视频,扫描二维码即可观看。另外,本书配有电子课件、源代码等,需要的教师可登录机械工业出版社教育服务网(www.cmpedu.com)免费注册,审核通过后下载,或联系编辑索取(微信:13261377872,电话:010-88379739)。

图书在版编目(CIP)数据

嵌入式 Linux 开发技术基础 / 丰海,张万良主编 . —2 版 . —北京:机械工业出版社,2022.9(2023.7 重印)
"十三五"职业教育国家规划教材
ISBN 978-7-111-71514-6

Ⅰ. ①嵌… Ⅱ. ①丰… ②张… Ⅲ. ①Linux 操作系统-程序设计-高等职业教育-教材 Ⅳ. ①TP316.85

中国版本图书馆 CIP 数据核字(2022)第 158973 号

机械工业出版社(北京市百万庄大街 22 号 邮政编码 100037)
策划编辑:和庆娣 责任编辑:和庆娣
责任校对:张艳霞 责任印制:张 博

北京建宏印刷有限公司印刷

2023 年 7 月第 2 版·第 3 次印刷
184mm×260mm·14 印张·340 千字
标准书号:ISBN 978-7-111-71514-6
定价:59.00 元

电话服务 网络服务
客服电话:010-88361066 机 工 官 网:www.cmpbook.com
　　　　　010-88379833 机 工 官 博:weibo.com/cmp1952
　　　　　010-68326294 金 书 网:www.golden-book.com
封底无防伪标均为盗版 机工教育服务网:www.cmpedu.com

关于"十四五"职业教育
国家规划教材的出版说明

为贯彻落实《中共中央关于认真学习宣传贯彻党的二十大精神的决定》《习近平新时代中国特色社会主义思想进课程教材指南》《职业院校教材管理办法》等文件精神，机械工业出版社与教材编写团队一道，认真执行思政内容进教材、进课堂、进头脑要求，尊重教育规律，遵循学科特点，对教材内容进行了更新，着力落实以下要求：

1. 提升教材铸魂育人功能，培育、践行社会主义核心价值观，教育引导学生树立共产主义远大理想和中国特色社会主义共同理想，坚定"四个自信"，厚植爱国主义情怀，把爱国情、强国志、报国行自觉融入建设社会主义现代化强国、实现中华民族伟大复兴的奋斗之中。同时，弘扬中华优秀传统文化，深入开展宪法法治教育。

2. 注重科学思维方法训练和科学伦理教育，培养学生探索未知、追求真理、勇攀科学高峰的责任感和使命感；强化学生工程伦理教育，培养学生精益求精的大国工匠精神，激发学生科技报国的家国情怀和使命担当。加快构建中国特色哲学社会科学学科体系、学术体系、话语体系。帮助学生了解相关专业和行业领域的国家战略、法律法规和相关政策，引导学生深入社会实践、关注现实问题，培育学生经世济民、诚信服务、德法兼修的职业素养。

3. 教育引导学生深刻理解并自觉实践各行业的职业精神、职业规范，增强职业责任感，培养遵纪守法、爱岗敬业、无私奉献、诚实守信、公道办事、开拓创新的职业品格和行为习惯。

在此基础上，及时更新教材知识内容，体现产业发展的新技术、新工艺、新规范、新标准。加强教材数字化建设，丰富配套资源，形成可听、可视、可练、可互动的融媒体教材。

教材建设需要各方的共同努力，也欢迎相关教材使用院校的师生及时反馈意见和建议，我们将认真组织力量进行研究，在后续重印及再版时吸纳改进，不断推动高质量教材出版。

机械工业出版社

前　言

嵌入式技术是当前发展前景广阔的技术之一。嵌入式技术应用无处不在，广泛应用在工控设备、智能仪表、汽车电子、军事国防、消费电子、智能家居、智能医疗、可穿戴设备和通信设备等领域。人工智能是引领新一轮科技革命和产业变革的重要驱动力，正深刻改变着人们的生产、生活、学习方式，推动人类社会迎来人机协同、跨界融合、共创分享的智能时代。党的二十大报告指出，推动战略性新兴产业融合集群发展，构建新一代信息技术、人工智能、生物技术、新能源、新材料、高端装备、绿色环保等一批新的增长引擎。

本书以使用广泛的树莓派为教学设备，将人工智能的新技术引入嵌入式 Linux 系统的开发中，内容由浅入深，形成"项目驱动，做中学，学中做"交叉融合的教学体系。本书分为基础篇和实践篇，第 1~4 章为基础篇，侧重于基本概念和基本应用，内容包括嵌入式 Linux 系统开发环境的构建、Linux 操作系统基础、嵌入式 Linux 开发基础、树莓派硬件接口与 Python 控制。第 5~10 章为实践篇，侧重实践的具体应用，内容包括环境监测系统、视频入侵报警系统、智能遥控车、基于人脸识别的考勤系统、文字识别与语音识别、目标检测。这些实践项目能够激发学生的学习兴趣，提升学生的实践能力。

在本次修订中，将课程思政元素融入专业教学中，有机融合了党的二十大精神和社会主义核心价值观等内容，如在第 9 章习题 1 中，使用语音合成技术合成出"高举中国特色社会主义伟大旗帜为全面建设社会主义现代化国家而团结奋斗"；在第 9 章习题 2 中，要求拍摄社会主义核心价值观的标语牌，再使用图像识别技术识别出社会主义核心价值观的具体内容。

本书配套丰富的教学资源，包括微课视频、实践操作视频、电子课件、习题解答、程序源代码等，方便读者学习。随书提供的代码和应用实例都遵守 GPL 协议，如果引用了本书的代码或例子，请注明引用的地址，并且遵守 GPL 协议。

本书由丰海、张万良担任主编，邓汉勇、胡钢、胡德清担任副主编，车亚进、王志泉、康凌、彭国兰担任参编，全书由丰海统稿。本书在编写过程中，厦门城市职业学院教务处给予了大力支持和指导，钟佳城、许灿伟、王鹏、林力航、许南辉、罗椿、江志金完成了书中相关代码的验证和教学教具的制作等工作，在此一并表示感谢！

本书中的电路图采用 Altium Designer 软件绘制，为了保持与软件的一致性，有些电路图保留了绘图软件的电路符号，部分电路符号可能与国标符号不一致，读者可自行查阅相关资料。

由于编者水平有限，书中难免有疏漏或不妥之处，敬请读者批评指正。

编　者

二维码资源清单

序号	名　　称	图　形	页码	序号	名　　称	图　形	页码
1	1.1.2　虚拟机软件 VM VirtualBox 的安装		3	9	2.1.3　文件的压缩打包与解压解包		37
2	1.1.3　在 VM VirtualBox 上安装 Ubuntu 开发环境		7	10	2.2.10　数据流重定向		48
3	1.1.4　增强工具包的安装		13	11	2.2.11　管道的使用		49
4	1.2.2　构建树莓派嵌入式系统		17	12	2.2.12　使用 apt-get 安装软件		49
5	1.2.3　使用 PuTTY 远程登录树莓派		21	13	3.3.2　WiringPi 的安装		63
6	1.2.4　使用 VNC 远程登录树莓派图形界面		22	14	4.5.2　GPIO 通道设置与 LED 灯的控制		77
7	1.2.5　开发平台与树莓派之间的文件传输		25	15	5.1.1　数据库的安装		85
8	2.1.2　Linux 文件属性和权限设置		34	16	5.2　Apache 服务器		92

（续）

序号	名称	图形	页码	序号	名称	图形	页码
17	5.3.1 DHT11 温湿度传感器数据读取		96	26	8.3 将识别结果存入数据库		160
18	5.3.2 将温度写入数据库		99	27	9.1 语音识别与合成		169
19	5.3.4 绘制温湿度随时间变化的曲线		101	28	9.1.6 语音合成		180
20	6.2.4 入侵报警功能的实现		112	29	9.2 文字识别		181
21	6.2.5 入侵检测查询网页的编写		121	30	10.1.1 数据标记		188
22	7.2.3 蓝牙串口的调试		132	31	10.1.3 安装 Tensor-Flow Lite Model Maker 等相关软件		195
23	7.3.3 手机控制 App 的安装		137	32	10.1.4 使用 Jupyter Notebook 程序训练模型		197
24	7.5 习题——手机遥控灯		140	33	10.1.5 将训练好的模型下载到树莓派		204
25	8.2 人脸识别		144	34	10.2.2 使用 Edge TPU 进行目标检测		208

目　　录

实 践 篇

基　础　篇

　　本篇侧重于基本概念和基本应用。通过本篇的学习，读者可以掌握嵌入式 Linux 系统开发环境的构建、Linux 操作系统基础、嵌入式 Linux 开发基础、树莓派硬件接口与 Python 控制等知识。

第 1 章　嵌入式 Linux 系统开发环境的构建

本章讲解嵌入式开发环境的构建，以及树莓派嵌入式系统的构建。

1.1　嵌入式系统简介与开发环境

1.1.1　嵌入式系统简介与应用

1. 嵌入式系统的定义

根据 IEEE（电气和电子工程师协会）的定义，嵌入式系统是"控制、监视、辅助机器和设备运行的装置（Devices used to control, monitor, or assist the operation of equipment, machinery or plants）"。从中可以看出嵌入式系统是软件和硬件的综合体，还可以涵盖机械等附属装置。目前国内普遍被认同的嵌入式系统的定义是：以应用为中心，以计算机技术为基础，软件硬件可裁剪，对功能、可靠性、成本、体积、功耗有严格要求的专用计算机系统。嵌入式系统主要由嵌入式处理器、嵌入式操作系统、外围硬件设备和用户的应用程序组成。嵌入式系统与个人计算机系统不同，嵌入式系统通常执行的是特定要求的任务。由于嵌入式系统只针对一项特殊的任务，设计人员能够对它进行优化、减小尺寸、降低成本。

2. 嵌入式系统的发展

第一个现代嵌入式系统是麻省理工学院仪器研究室的查尔斯·斯塔克·德雷珀开发的阿波罗导航计算机，在两次月球飞行中都使用了这种惯性导航系统。第一款大批量生产的嵌入式系统是 1961 年用于"民兵 I"导弹上的 D-17 自动导航控制计算机。1966 年，"民兵 II"导弹开始生产，D-17 被集成电路所替代，仅仅这个项目就将与非门集成电路模块的价格从每个 1000 美元降到每个 3 美元，使集成电路的商用成为可能。"民兵"导弹的嵌入式计算机有一个重要的设计特性：它能够在项目后期对制导算法重新编程以获得更高的导弹精度，并且能够使用计算机测试导弹，从而减少测试电缆和接头的重量。

到了 20 世纪 80 年代中期，外部系统的元器件被集成到处理器芯片中，这种结构的微处理器得到了更广泛的应用。到了 20 世纪 80 年代末期，集成化的微处理器使得嵌入式系统的应用扩展到诸多领域，对多用途、低成本的微控制器进行编程，整合各种不同功能的组件。嵌入式系统很少有额外的元器件，大部分设计工作是软件部分，因此，不管是建立原型还是测试新功能，相对硬件来说都要容易很多，并且设计和建造一个新的外设电路不需要修改嵌入式处理器。如图 1-1 所示为嵌入式系统的基本组成。

图 1-1　嵌入式系统的基本组成

3. 嵌入式系统的特点

嵌入式系统并不是一个新生的事物，从 20 世纪 80 年代起，国际上就有一些组织、公司，开始进行商用嵌入式系统的研发，因此也涌现了一些著名的嵌入式操作系统。它们通常被设计得非常紧凑，抛弃了不需要的功能。Linux 开放源码、内核小、功能强大、运行稳定、易于定制裁剪，支持多种 CPU，遵循国际标准，全面支持网络，可以方便地获得众多第三方软硬件厂商的支持，因此很多嵌入式系统都会选择 Linux 操作系统。嵌入式系统的特点如下。

- 面向特定应用。
- 技术密集、资金密集、高度分散、不断创新的集成系统。
- 硬件和软件都必须高效率地设计，量体裁衣、去除冗余。
- 嵌入式系统的工业基础是以应用为中心的"芯片"设计和面向应用的软件产品开发。

要想学习嵌入式 Linux 系统技术，就必须有一块开发板。其中树莓派开发板的手册和资源做得较好，比较适合初学者学习。

4. 嵌入式 Linux 系统的实际应用

嵌入式 Linux 系统的应用领域非常广泛，主要应用于信息家电、远程通信、医疗电子、交通运输、工业控制、航空航天领域等，具体应用如表 1-1 所示。

表 1-1 　嵌入式 Linux 系统的主要应用领域

应用领域	具体的产品
家用电器	手机、机顶盒、数字电视、可视电话、电子玩具、游戏机、空调机、冰箱、洗衣机、网络电视、网络冰箱、网络空调、家庭网关等
通信设备	电话交换系统、电缆系统、全球卫星定位系统、数据交换设备、移动电话等
工业	数控机床、电力传输系统、检测设备、建筑设备、核电站、机电控制、工业机器人、过程控制、智能传感器等
仪器仪表	智能仪器、智能仪表、医疗器械、色谱仪、示波器等
导航控制	导弹控制、鱼雷控制、航天导航系统、电子干扰系统等
商业和金融	自动柜员机、信用卡系统、POS 机系统、安全系统等
办公设备	复印机、打印机、扫描仪、电话、传真系统、投影仪等
交通运输	智能公路（导航、流量控制、信息检测与汽车服务）、雷达系统、航空管理系统、售检票系统、行李处理系统、信令系统、汽车电话控制器、车载导航、停车系统等
建筑	电力供应、安防监控系统、电梯升降系统、车库管理系统等
医疗	心脏除颤器、心脏起搏器、X 光设备、电磁成像系统等

1.1.2 　虚拟机软件 VM VirtualBox 的安装

1.1.2 　虚拟机软件 VM VirtualBox 的安装

VM VirtualBox 是开源的虚拟机平台软件，目前 VirtualBox 支持的操作系统包括 Debian、Fedora、Linux、Mac OS X（Intel）、Mandriva、OpenSolaris、PC Linux OS、Red Hat、SUSE Linux、Solaris 10、Ubuntu、Windows等。进入 VirtualBox 的项目主页下载 6.1.32 的版本，下面就一步一步地安装 VirtualBox 虚拟机平台软件。

1）双击 VirtualBox-6. 1. 32-149290-Win. exe 安装文件，直接单击"运行"按钮，进入如图 1-2 所示的安装提示界面。

图 1-2　VirtualBox 安装提示界面

2）单击"下一步"按钮继续安装，进入如图 1-3 所示的选择安装路径界面。

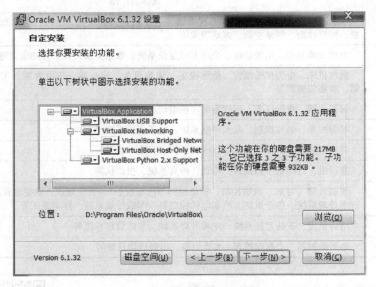

图 1-3　选择安装路径界面

3）选择安装路径后，单击"下一步"按钮，进入如图 1-4 所示的默认创建图标和快捷方式界面。

4）单击"下一步"按钮，出现如图 1-5 所示的网络中断提示界面。

5）单击"是"按钮，出现如图 1-6 所示的准备安装提示界面。

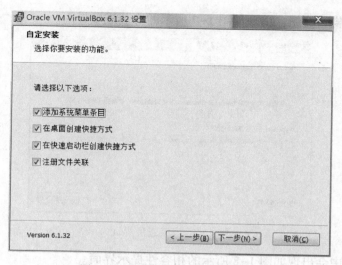

图 1-4　创建图标和快捷方式界面

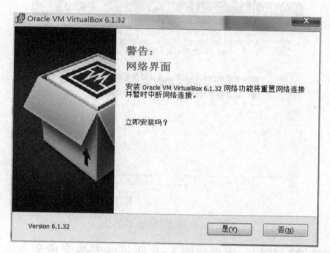

图 1-5　网络中断提示界面

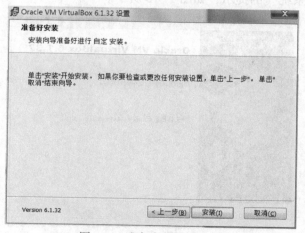

图 1-6　准备安装提示界面

6）单击"安装"按钮，出现如图 1-7 所示的安装进度界面。

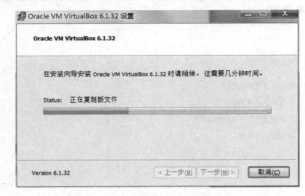

图 1-7　安装进度界面

7）安装过程中会出现如图 1-8 所示的相容性提示界面。

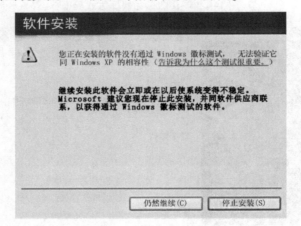

图 1-8　相容性提示界面

8）单击"仍然继续"按钮，出现如图 1-9 所示的安装完成界面。单击"完成"按钮后，出现"重新启动系统"的提示，如图 1-10 所示。

图 1-9　安装完成界面

9）重启系统后，桌面出现如图 1-11 所示的 VirtualBox 软件图标，至此，VirtualBox 虚拟机平台软件安装完毕。

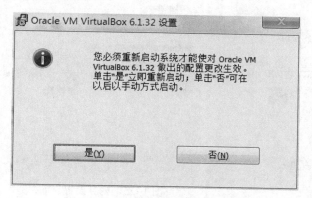

图 1-10　"重新启动系统"的要求

图 1-11　VirtualBox 软件图标

1.1.3　在 VM VirtualBox 上安装 Ubuntu 开发环境

本节讲解在 VirtualBox 上安装 Ubuntu 开发环境。

（1）新建虚拟机

1）双击 VirtualBox 软件图标，启动此软件。选择菜单"控制"→"新建"命令（如图 1-12 所示）。

2）出现图 1-13 所示的新建虚拟机向导。

图 1-12　"新建"命令

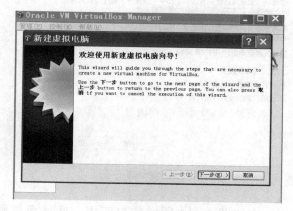

图 1-13　新建虚拟机向导

3）单击"下一步"按钮，出现如图 1-14 所示的 Ubuntu 设置界面。在"名称"文本框中输入虚拟机名称"ubuntu20.04"，在"文件夹"栏中选择保存虚拟机的目录。

4）单击"下一步"按钮，磁盘剩余空间要有 50 GB 以上。出现如图 1-15 所示的内存设置界面，设置虚拟机内存为 4096 MB。

5）单击"下一步"按钮，在如图 1-16 所示的界面中，选择"现在创建虚拟硬盘"选项，单击"创建"按钮，来创建虚拟硬盘。

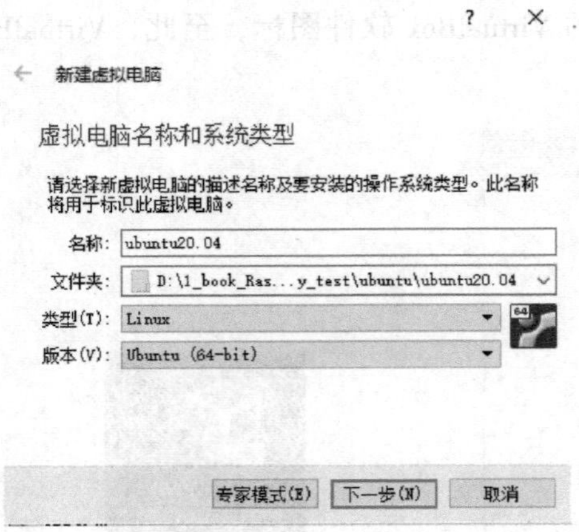

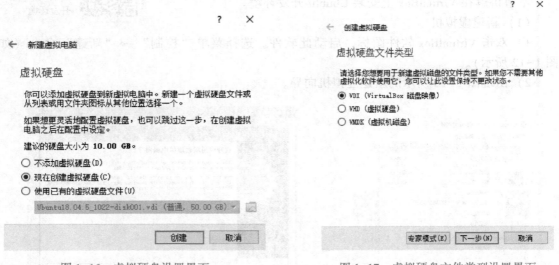

图 1-14　Ubuntu 设置界面 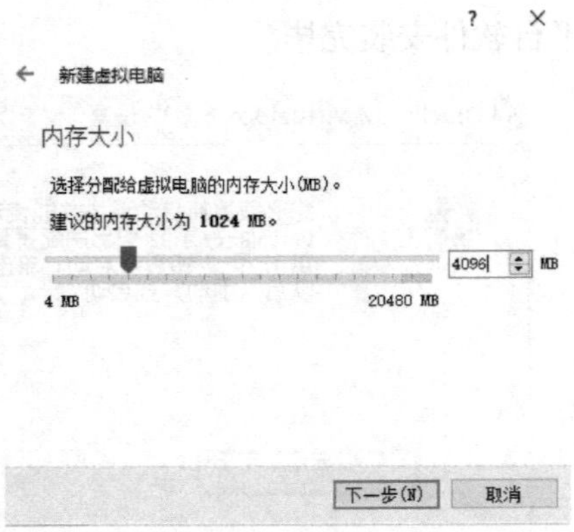　　　　　　　　　　图 1-15　内存设置界面

6）在如图 1-17 所示的界面中，选择虚拟硬盘文件类型为"VDI"后，单击"下一步"按钮。

图 1-16　虚拟硬盘设置界面　　　　　　　　图 1-17　虚拟硬盘文件类型设置界面

7）在如图 1-18 所示的界面中，选择虚拟硬盘为"动态分配"，再单击"下一步"按钮。

8）在如图 1-19 所示的虚拟硬盘路径和大小的设置界面中，选择硬盘大小为 50 GB，单击"创建"按钮，即完成虚拟机上 Ubuntu 的初始设置。

（2）安装 Ubuntu 系统

1）在 VirtualBox 中选择菜单"控制"→"设置"命令，出现"ubuntu20.04-设置"对话框，如图 1-20 所示。选择"存储"选项，在"控制器：IDE"下单击"没有盘片"，在最右边单击光盘图标，加载 Ubuntu 20.04 的镜像文件，如图 1-21 所示。

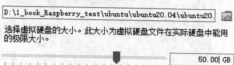

存储在物理硬盘上

请选择新建虚拟硬盘文件是应该为其使用而分配(动态分配)，还是应该创建完全分配(固定分配)。

动态分配的虚拟磁盘只是逐渐占用物理硬盘的空间（直至达到**分配的大小**），不过当其内部空间不用时不会自动缩减占用的物理硬盘空间。

固定大小的虚拟磁盘文件可能在某些系统中要花很长时间来创建，但它往往使用起来较快。

◉ 动态分配(D)
○ 固定大小(F)

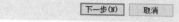
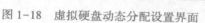

文件位置和大小

请在下面的框中键入新建虚拟硬盘文件的名称，或单击文件夹图标来选择创建文件要保存到的文件夹。

D:\1_book_Raspberry_test\ubuntu\ubuntu20.04\ubuntu20.

选择虚拟硬盘的大小。此大小为虚拟硬盘文件在实际硬盘中能用的极限大小。

4.00 MB　　　　　　2.00 TB　　　50.00 GB

下一步(N)　取消

图 1-18　虚拟硬盘动态分配设置界面

创建　取消

图 1-19　虚拟硬盘路径和大小设置界面

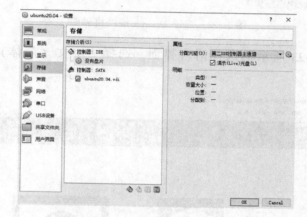

图 1-20　"ubuntu20.04-设置"对话框

图 1-21　选择 Ubuntu 的镜像文件

2）单击"打开"按钮，通过菜单选择"控制"→"启动"命令，显示如图 1-22 所示的启动 Ubuntu 虚拟机界面。

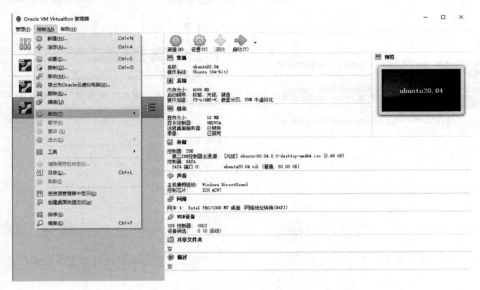

图 1-22　启动 Ubuntu 虚拟机界面

3）出现如图 1-23 所示的选择语言界面，选择"中文（简体）"后，单击"安装 Ubuntu"按钮。

图 1-23　选择语言界面

4）在如图 1-24 所示的键盘布局界面中，选择"Chinese"选项，然后单击"继续"按钮。

图 1-24　键盘布局界面

5）进入如图 1-25 所示的对话框，选择"正常安装"单选按钮后单击"继续"按钮。

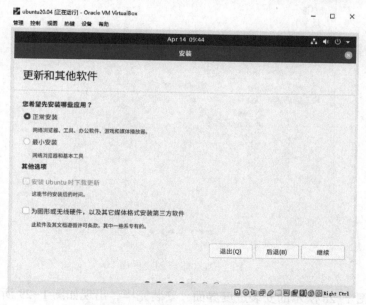

图 1-25　正常安装 Ubuntu 界面

6）进入如图 1-26 所示的磁盘分配界面，选择"清除整个磁盘并安装 Ubuntu"单选按钮后，再单击"现在安装"按钮。

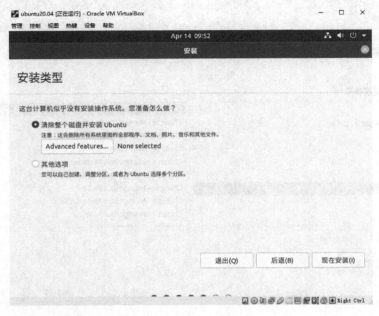

图 1-26　磁盘分配界面

7）出现如图 1-27 所示的账户创建界面，为了教学方便，这里将账号和密码都设置为 xmcu，单击"继续"按钮。

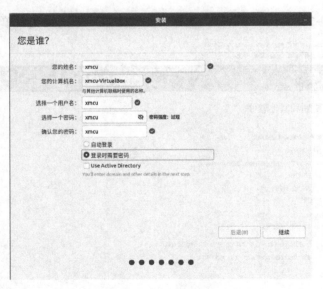

图 1-27　账户创建界面

8）显示如图 1-28 所示的安装进度界面，安装完毕，出现如图 1-29 所示的安装完成界面，单击"现在重启"按钮，就可以进入 Ubuntu 20.04 系统了。

图 1-28 安装进度界面

图 1-29 安装完成界面

1.1.4 增强工具包的安装

1.1.4 增强
工具包的安装

一般安装完 VirtualBox 平台软件后，还要安装扩展增强包，提供 USB 2.0、USB 3.0、文件共享等功能。安装步骤如下。

1）在 VirtualBox 启动界面中，选择顶部的"管理"→"全局设定"→"扩展"命令，弹出"扩展"对话框，如图 1-30a 所示，单击右边的加号添加扩展包，选择随书配套的扩展包，如图 1-30b 所示。

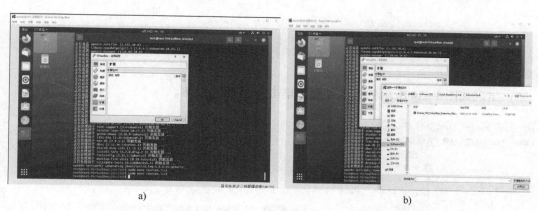

a)   b)

图 1-30 扩展包添加
a)"扩展"对话框 b) 选择扩展包

2）出现如图 1-31 的提示，单击"安装"按钮。

3）出现 VirtualBox 许可，如图 1-32a 所示，单击"我同意"按钮，在弹出的扩展包提示框中单击"确定"按钮，如图 1-32b 所示。

4）配置完成后，进入 Ubuntu 系统，安装增强工具包，选择"设备"→"安装增强功能"命令，如图 1-33 所示。

图 1-31　扩展包安装提示界面

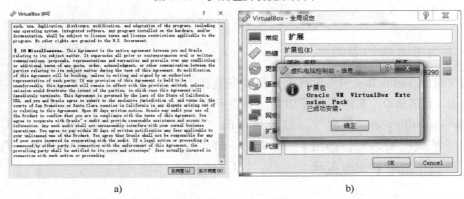

a)

b)

图 1-32　VirtualBox 扩展包安装

a）VirtualBox 许可　b）扩展包提示框

5）出现如图 1-34 所示的提示界面，单击"运行"按钮。

图 1-33　VirtualBox 安装增强功能

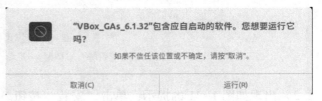

图 1-34　VirtualBox 增强包安装提示界面

6）出现如图 1-35 所示的 VirtualBox 增强包安装认证界面，输入密码后，开始安装增强包，如图 1-36 所示。按〈Enter〉键关闭这个界面后，重启虚拟机完成增强包的安装。

图 1-35　VirtualBox 增强包
安装认证界面

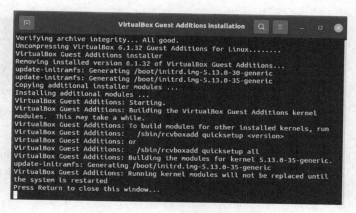

图 1-36　Ubuntu 安装增强包界面

7）选择"设备"→"共享文件夹"→"共享文件夹"命令，设置共享目录，如图 1-37 所示，则将 Windows 系统的共享目录"F:\share"固定挂接在 Ubuntu Linux 系统下。

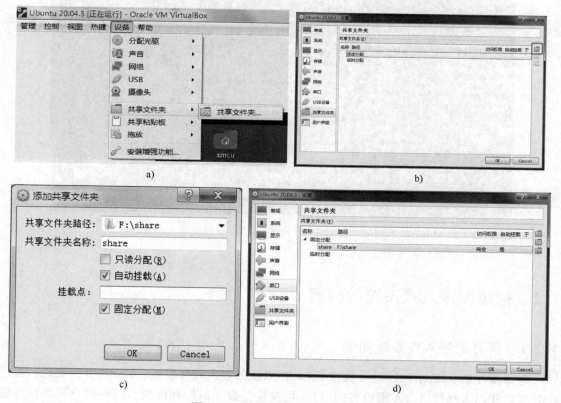

图 1-37　共享文件夹的设置界面

8）在 Ubuntu 系统下，检查一下"/etc/group"文件中是否将创建的用户 xmcu 列入 vboxsf 用户组中，如图 1-38 所示，命令为 vboxsf:x:998:xmcu。

图 1-38　用户 xmcu 被列入 vboxsf 用户组

这样每次启动 Ubuntu 虚拟机时，就会自动将 Windows 系统的共享目录 "F：\share" 挂接在 Ubuntu 系统的 "/media/sf_share" 目录下，可以使用 df -h 命令查询共享目录是否设置成功，如图 1-39 所示。

```
rdma:x:134:
xmcu@xmcu-VirtualBox:~/桌面$ df -h
文件系统          容量    已用   可用   已用%  挂载点
udev              1.9G     0    1.9G    0%   /dev
tmpfs             393M   1.4M   392M    1%   /run
/dev/sda5          49G    15G    32G   32%   /
tmpfs             2.0G     0    2.0G    0%   /dev/shm
tmpfs             5.0M   4.0K   5.0M    1%   /run/lock
tmpfs             2.0G     0    2.0G    0%   /sys/fs/cgroup
/dev/loop2        128K   128K     0   100%   /snap/bare/5
/dev/loop1         56M    56M     0   100%   /snap/core18/2284
/dev/loop3         62M    62M     0   100%   /snap/core20/1361
/dev/loop0         56M    56M     0   100%   /snap/core18/2128
/dev/loop4         62M    62M     0   100%   /snap/core20/1376
/dev/loop6        219M   219M     0   100%   /snap/gnome-3-34-1804/77
/dev/loop7        249M   249M     0   100%   /snap/gnome-3-38-2004/99
/dev/loop9         51M    51M     0   100%   /snap/snap-store/547
/dev/loop8         66M    66M     0   100%   /snap/gtk-common-themes/1515
/dev/loop12        44M    44M     0   100%   /snap/snapd/14978
/dev/loop10        66M    66M     0   100%   /snap/gtk-common-themes/1519
/dev/loop5        219M   219M     0   100%   /snap/gnome-3-34-1804/72
/dev/loop13        44M    44M     0   100%   /snap/snapd/15177
/dev/loop11        55M    55M     0   100%   /snap/snap-store/558
/dev/sda1         511M   4.0K   511M    1%   /boot/efi
share             167G   159G   7.7G   96%   /media/sf_share
tmpfs             393M    28K   393M    1%   /run/user/1000
xmcu@xmcu-VirtualBox:~/桌面$
```

图 1-39　将 Windows 系统的 "F：\share" 挂接到 Ubuntu 系统的 "/media/sf_share" 目录

1.2　树莓派嵌入式系统的构建

1.2.1　树莓派嵌入式系统简介

树莓派（Raspberry Pi）是一款基于 Linux 系统的嵌入式开发板，以 SD 卡为硬盘，提供 USB 接口和以太网接口（A 型没有网口），可连接键盘、鼠标和网线，同时拥有视频信号输出接口和 HDMI 高清视频输出接口，还提供 40 个用于硬件扩展开发的 GPIO 接口。本书的代码在树莓派 4B 上测试通过，使用的树莓派镜像是 2022-01-28-raspios-bullseye-armhf-full.img。树莓派 4B 的实物及各部分说明如图 1-40 所示。

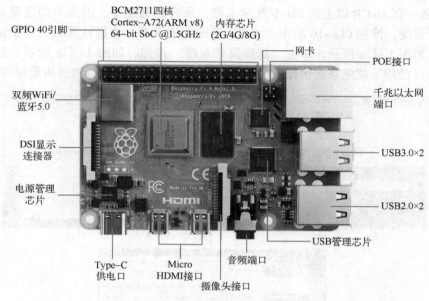

图 1-40 树莓派 4B 的实物及各部分说明

1.2.2 构建树莓派嵌入式系统

1.2.2 构建树莓派嵌入式系统

树莓派开发板没有配置板载 FLASH，因为它支持 SD 卡启动，所以需要下载相应镜像，并将其构建在 SD 卡上，这个镜像包含了通常所说的 bootloader、Kernel、文件系统。

1）双击树莓派镜像软件 Raspberry Pi Imager 的安装包，出现如图 1-41 的安装界面，单击 "Install" 按钮进行安装。

图 1-41 Raspberry Pi Imager 安装界面

2）准备好系统镜像文件 2022-01-28-raspios-bullseye-armhf-full. zip，解压后得到镜像文件 2022-01-28-raspios-bullseye-armhf-full. img。

3）准备一张 16 GB 以上的 SD 卡及读卡器，最好是高速卡，因为卡的速度直接影响树莓派的运行速度，推荐 Class10 的卡。将 SD 卡放入读卡器，连接计算机，单击运行树莓派镜像工具。如图 1-42a 所示，单击"选择操作系统"按钮；如图 1-42b 所示，选择"使用自定义镜像（使用下载的系统镜像文件烧录）"；如图 1-42c 所示，选择树莓派的镜像文件。

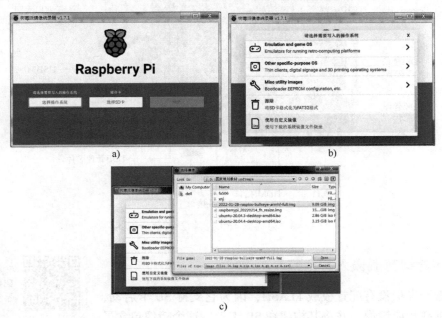

图 1-42　选择镜像文件

4）如图 1-43a 所示，单击"SDHC CARD"按钮，选择其所在的盘符，如图 1-43b 所示。

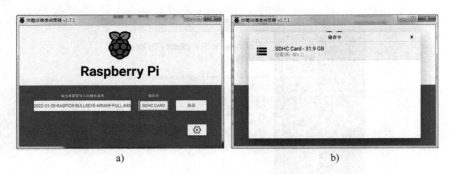

图 1-43　SD 卡选择

5）单击如图 1-44 所示的右下角的"设置"按钮⚙，进行相关设置。

6）如图 1-45 所示，分别设置系统账号及其密码、WiFi 账号及其密码、SSH 服务器开启等设置，设置完成后单击"保存"按钮。

7）单击"烧录"按钮，完成烧录后会弹出如图 1-46 所示的对话框。烧录成功后系统可能会因为无法识别分区而提示格式化分区，此时不要进行格式化。

图 1-44　SD 卡参数设置

a) b)

c) d)

图 1-45　树莓派镜像烧录账号、WiFi 参数设置

图 1-46　烧录完毕

　　树莓派的 IP 地址都是通过路由器动态分配的，因此树莓派每次启动后其 IP 地址都有可能会变化。查看树莓派的 IP 地址有如下 3 种方法，首先确保开发平台与树莓派连接到同一个路由器上。

　　第一种方法是在 Windows 系统上按〈Win+R〉键，打开"运行"对话框，如图 1-47 所示，在其中输入"cmd"后按〈Enter〉键，调出 cmd 命令行窗口。

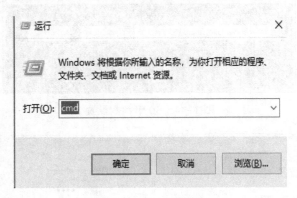

图 1-47　"运行"对话框

　　在 cmd 命令行窗口输入"arp -a"，如图 1-48 所示，结果显示当前本网段所有活跃的 IP 地址。此时可以找到对应的树莓派 IP 地址，笔者的树莓派所对应的 IP 地址为 192.168.0.103。

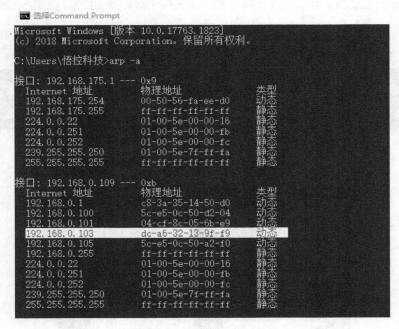

图 1-48　树莓派 IP 地址

　　第二种方法是通过登录路由器查看树莓派的 IP 地址，如图 1-49 所示。

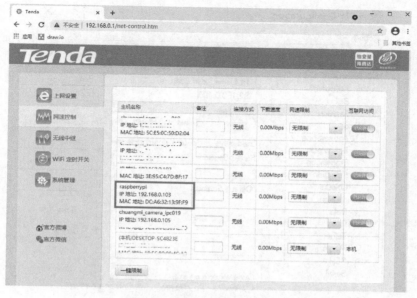

图 1-49　查看树莓派的 IP 地址

第三种方法是通过 Advanced IP Scanner 软件来查看树莓派的 IP 地址，如图 1-50 所示。

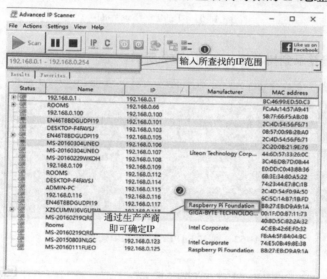

图 1-50　通过软件查看树莓派的 IP 地址

1.2.3　使用 PuTTY 远程登录树莓派

1）启动远程登录软件 PuTTY，然后在 "Host Name（or IP address）" 文本框中输入之前查找到的树莓派的 IP 地址 "192.168.0.103"，单击 "Open" 按钮，如图 1-51 所示。

2）输入用户名和密码，树莓派官方镜像默认的用户名是 pi，密码是 raspberry。如果读者在之前使用树莓派 Imager 烧录镜像时设置了账号、密码，输入正确的账号、密码，按

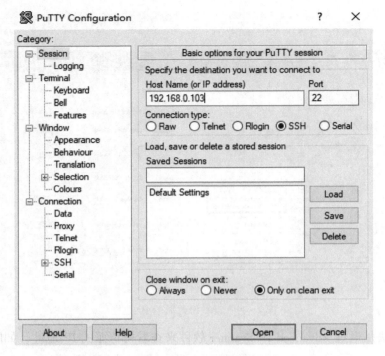

图 1-51 PuTTY 登录界面

〈Enter〉键即可远程登录到树莓派，如图 1-52 所示。

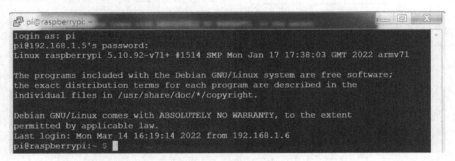

图 1-52 通过 PuTTY 远程登录树莓派界面

1.2.4 使用 VNC 远程登录树莓派图形界面

1.2.4 使用 VNC 远程登录树莓派图形界面

很多时候也需要用到树莓派中的图形应用，如人脸识别、目标检测等，这时就需要使用 VNC 登录到树莓派的图形界面。开启树莓派的远程桌面需要执行以下操作。

1）首先按照 1.2.3 节介绍的方法，使用 PuTTY 远程登录树莓派。

在终端输入 "sudo raspi-config" 进行树莓派的设置，依次选择 "Interface Options" → "VNC" → "Yes" → "OK"，如图 1-53 所示。之后系统会提示是否要安装 VNC 服务，输入 "y" 之后按〈Enter〉键，等待系统自动下载安装完成。

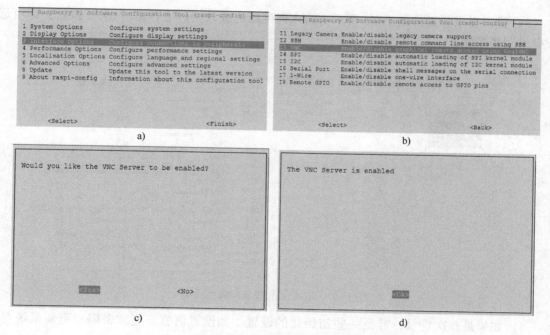

图 1-53 打开树莓派的 VNC 远程登录功能

2）重启树莓派系统后，打开 VNC Viewer 软件，如图 1-54 所示。选择 "File" → "New connection" 命令，新建一个 VNC 窗口，并在 "VNC Server" 文本框中输入树莓派的 IP 地址 "192. 168. 0. 103"，在 "Name" 文本框中输入树莓派的用户名 "pi"，最后单击 "OK" 按钮。

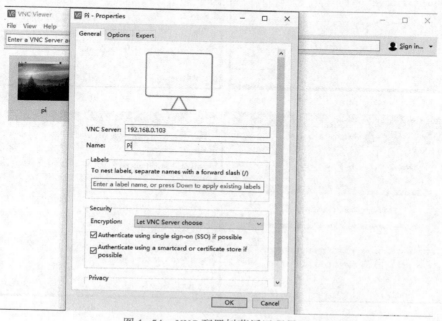

图 1-54 VNC 配置树莓派远程界面

3）弹出登录界面如图 1-55 所示，输入树莓派的登录密码后单击 "OK" 按钮，即可远程登录到树莓派。

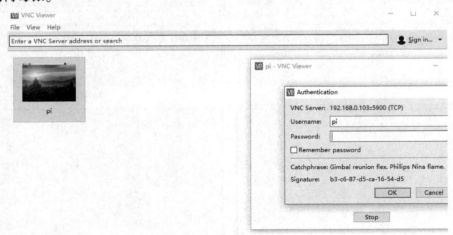

图 1-55　VNC 远程登录树莓派界面

4）如果是首次登录，需要一些初始化的设置，如设置语言、更改密码、更新系统等，按如图 1-56a~h 所示的顺序进行初始化设置。

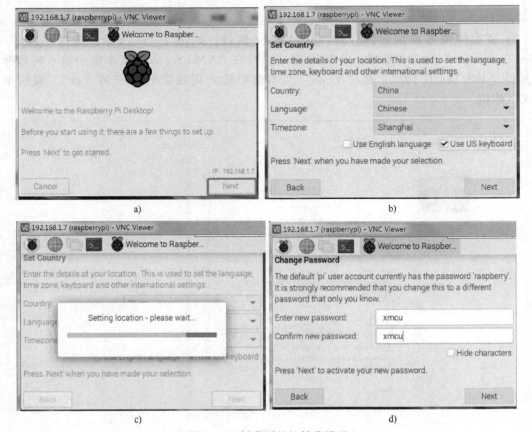

图 1-56　树莓派的初始化设置

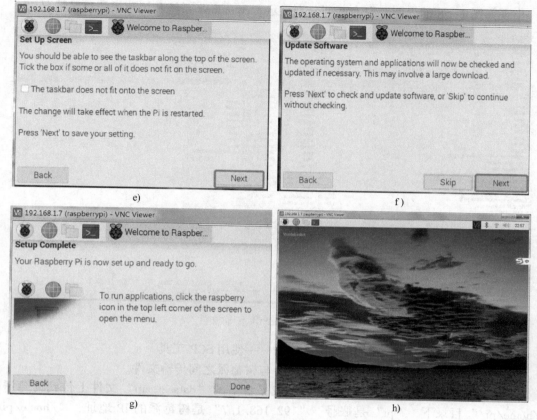

图 1-56　树莓派的初始化设置（续）

1.2.5　开发平台与树莓派之间的文件传输

1.2.5　开发平台与树莓派之间的文件传输

（1）Windows 平台与树莓派之间的文件传输——使用 WinSCP 工具

Windows 平台使用 WinSCP 工具在开发平台与树莓派之间传输文件，WinSCP 工具的登录界面如图 1-57 所示，输入 IP 地址、端口号、账号、密码后，单击"Login"按钮。

图 1-57　WinSCP 工具的登录界面

出现如图 1-58 的界面，左右两列分别显示了 Windows 系统和树莓派的目录情况。

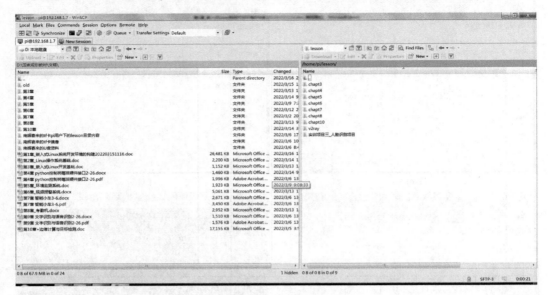

图 1-58　WinSCP 传输文件

（2）Linux 平台与树莓派之间的文件传输——使用 SCP 工具

Linux 开发平台使用 SCP 工具在开发平台与树莓派之间传输文件。

如图 1-59 所示就是使用 scp 命令将开发平台下的 "dataset. zip" 文件上传到树莓派的 "/home/pi/" 目录下，"pi" 是账号，"192. 168. 1. 7" 是树莓派的 IP 地址，"/home/pi/" 是目标目录。

图 1-59　使用 scp 命令将文件上传到树莓派

使用 scp 命令将文件从树莓派开发板下载到 Linux 开发平台下。先删除本地的 "dataset. zip" 文件，使用 scp 命令从树莓派上下载，然后用 ls 命令查看是否成功从树莓派上下载了 "dataset. zip" 文件到本地，如图 1-60 所示。

图 1-60　使用 scp 命令将文件从树莓派下载到本地

（3）Linux 平台与树莓派之间的文件传输——使用 FileZilla 工具

在 Linux 开发平台上安装可视化的文件传输工具 FileZilla，在开发平台与树莓派之间传输文件，具体步骤如下。

1）安装 FileZilla，命令如下。

```
xmcu@xmcu-VirtualBox:~/桌面$ sudo   apt-get install filezilla
```

2）运行 FileZilla，出现如图 1-61 所示的界面，单击"确定"按钮。

```
xmcu@xmcu-VirtualBox:~/桌面$ filezilla
```

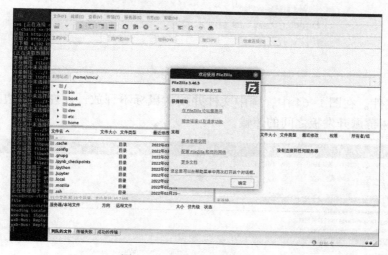

图 1-61　启动 FileZilla 界面

3）在图 1-62 中，输入树莓派的 IP 地址、用户名、密码、端口号。端口如没有更改过，则是 22 号端口。

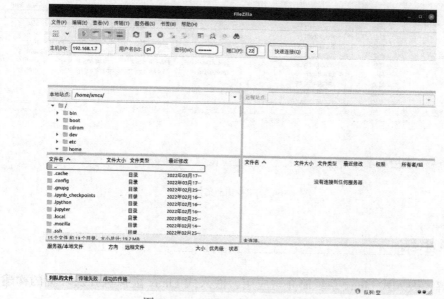

图 1-62　FileZilla 界面输入连接参数

4）在图 1-63 中选择 "总是信任该主机，并将该密钥加入缓存" 后，单击 "确定" 按钮。

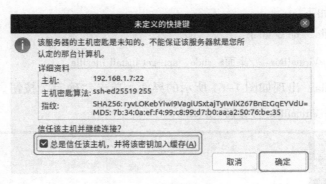

图 1-63　连接信任确认

5）传输文件。在图 1-64 中，选中文件并按住鼠标不释放，在左右两边拖动完成文件在开发平台与树莓派开发板之间的传输。

图 1-64　FileZilla 文件传输

1.3　本章小结

本章讲解了嵌入式 Linux 系统简介与应用、嵌入式 Linux 虚拟机开发环境的构建、如何构建树莓派嵌入式系统、PuTTY 远程登录工具的使用、使用 VNC 登录树莓派的图形界面，以及开发平台与树莓派之间的文件传输方法。

1.4　习题

1. 安装一个 Ubuntu 虚拟机系统。
2. 使用官方树莓派镜像烧录一个嵌入式系统，并插入到树莓派开发板上，启动树莓派系统。
3. 利用本章所学的内容，在开发平台与树莓派开发板之间传输文件。

第 2 章 Linux 操作系统基础

Linux 是一套可以免费使用和自由传播的类 UNIX 操作系统，它支持多用户、多任务、多线程和多 CPU。用户不仅可以直观地获取该操作系统的源代码，而且可以根据自身的需要来修改和完善 Linux，使其最大化地适应用户的需要。Linux 系统性能稳定，开放源码使得用户可以自由裁剪，灵活性高，功能强大，成本低。

2.1 Linux 操作系统基础知识

2.1.1 Linux 文件系统和目录结构

Linux 的文件系统只有一个文件树，整个文件系统以一个树根 "/" 为起点，所有的文件和外部设备都以文件的形式挂接在这个文件树上，包括硬盘、软盘、光驱、调制解调器等，这和以驱动器盘符为基础的 Windows 文件系统是完全不同的。Linux 文件系统采用树形目录结构来组织和管理系统中所有的文件。以根目录 "/" 为起点，根目录下有许多文件和子目录，子目录下又有许多文件和子子目录。一个典型的 Linux 系统树形目录结构如图 2-1 所示。

图 2-1 Linux 系统树形目录结构

当登录到 Linux 打开一个终端时，会进入一个特殊的目录，即主目录。比如 root 用户登录到系统时，系统默认进入/root 目录，/root 目录就是 root 用户的主目录。主目录可以用 "~" 来表示。用户在操作时可以用 "." 来表示用户当前所在的目录，如当前目录处于/home/pi 下，也可以用相对路径 ./myfile. c 或者 ~/myfile. c 来表示/home/pi/myfile. c 这个文件，这里的 "." 即表示当前目录/home/pi，而 "~" 表示登录用户 pi 的主目录/home/pi。如果用 pi 账号登录的话，"~" 表示/home/pi 目录。

Linux 系统中可以使用通配符 " * " "?" 来同时引用多个文件。通配符 " * " 代表文件名中任意的字符或字符串，如 "abc * " 表示所有以 "abc" 开头的文件。通配符 "?" 表示任意一个字符，如 "abc?" 表示所有以 "abc" 开头的长度为 4 个字符的文件。

在树形目录结构中，文件和目录都通过路径来表示。路径有两种表示方法：一种是从根目录开始的，称为绝对路径，如/home/pi/myfile. c；另一种是从当前目录开始的，称为相对路径，如./myfile. c，也可以用"~/myfile. c"来表示。现在简要介绍 Linux 下的常用目录。

1. /bin 和/sbin

Linux 系统的大部分命令都在/bin 和/sbin 这两个目录下。

/bin 目录：通常用来存放用户最常用的基本命令，如文件操作实用程序、系统实用程序、压缩工具。

/sbin 目录：通常存放系统程序，如 fsck、fdisk、mkfs、shutdown、init 等。

这两个目录的主要区别是：/sbin 目录中的程序只能由管理员 root 来执行，普通用户可以在命令前加上 sudo 来执行放在/sbin 目录下的管理命令。

2. /etc

/etc 目录一般用来存放配置文件，其中包括用户信息文件/etc/passwd、系统初始化文件/etc/init. d/等，Linux 正是靠这些配置文件才得以正常地运行。

3. /lost+found

/lost+found 目录专门用来存放非正常关机时产生的临时文件。

4. /boot

/boot 目录用来存放和系统启动有关的各种文件，包括系统的引导程序和系统核心部分。

5. /root

/root 是系统管理员（root）的主目录。

6. /home

Linux 系统中所有用户的主目录都存放在/home 目录下，它包含所有用户的主目录，如用户 pi 的主目录就是/home/pi，root 用户的主目录通常是在/root 下。

7. /mnt

按照约定，像 CD/DVD-ROM、Zip 盘这样的介质都挂载在/mnt 目录下。/mnt 目录通常包含一些子目录，每个子目录是某种特定设备类型的一个安装点。例如：

　　　/cdrom /floppy /zip…

如果要使用这些特定设备，则需要用 mount 命令从/dev 目录中将外部设备挂接过来。

8. /tmp 和/var

/tmp 和/var 两个目录用来存放临时文件和经常变动的文件。其中，/var/log 目录记载了各种程序的日志（Log）文件，尤其是/var/log/wtmp 文件记录了系统的登录和注销情况，/var/log/messages 日志文件存储了所有核心和系统程序信息。/var/log 目录下的文件会不断地增多，应该定期清除。

9. /dev

/dev 是一个非常重要的目录，它存放着各种外部设备的镜像文件。例如，第一个 IDE 硬盘的名字是 hda，IDE 硬盘中的第一个分区是 hda1，第二个分区是 hda2；如果是 SATA 硬盘的话，第一个 SATA 硬盘的名字就是 sda，第一个 SATA 硬盘中的第一个分区是 sda1，第一个 SATA 硬盘的第二个分区是 sda2。

10. /usr

/usr 目录用来存放与用户相关的程序和文件。

11. /proc

/proc 文件系统实际上是一个伪目录，它是由核心在内存中产生的。这个目录用于提供关于系统的信息。/proc 文件系统在 man proc 页中有详细的说明，下面说明一些较重要的文件和目录。

1）/proc/modules：存放当前加载了哪些核心模块信息。

2）/proc/devices：存放当前运行的设备驱动的列表，在这个文件中可以查询驱动的主设备号。图 2-2 所示为树莓派开发板的设备信息。

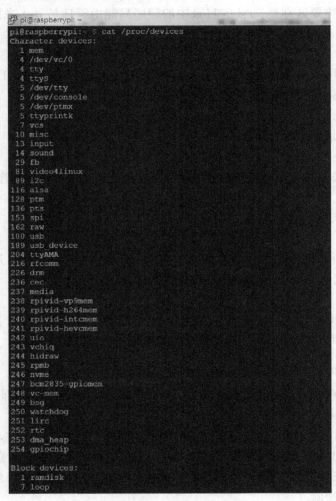

图 2-2　树莓派开发板的设备信息

3）/proc/interrupts：显示被占用的中断信息，以及被占用的数量。图 2-3 所示为树莓派开发板的中断信息。

4）/proc/cpuinfo：存放处理器相关信息。图 2-4 所示为树莓派开发板的 CPU 信息。

5）cat /proc/meminfo：显示内存信息，包括物理内存和交换分区。图 2-5 所示为树莓派开发板的内存信息。

```
pi@raspberrypi: ~
pi@raspberrypi:~ $ cat /proc/interrupts
           CPU0        CPU1        CPU2        CPU3
 25:          1           0           0           0     GICv2   99 Level     timer
 26:          0           0           0           0     GICv2   29 Level     arch_timer
 27:      12229        6914       11001       12735     GICv2   30 Level     arch_timer
 33:        948           0           0           0     GICv2   65 Level     fe00b880.mailbox
 36:       7091           0           0           0     GICv2  153 Level     uart-pl011
 37:          0           0           0           0     GICv2  150 Level     fe204000.spi
 38:         10           0           0           0     GICv2  125 Level     ttyS0
 39:          0           0           0           0     GICv2  149 Level     fe804000.i2c
 42:        348           0           0           0     GICv2  114 Level     DMA IRQ
 44:          0           0           0           0     GICv2  116 Level     DMA IRQ
 45:          0           0           0           0     GICv2  117 Level     DMA IRQ
 49:       1514           0           0           0     GICv2   66 Level     VCHIQ doorbell
 50:      34327           0           0           0     GICv2  158 Level     mmc1, mmc0
 51:      32609           0           0           0     GICv2  144 Level     vc4 firmware kms
 58:       1604           0           0           0     GICv2  189 Level     eth0
 59:        320           0           0           0     GICv2  190 Level     eth0
 65:        702           0           0           0     GICv2  106 Level     v3d
 66:          0           0           0           0     GICv2  175 Level     PCIe PME
 67:         38           0           0           0     BRCM STB PCIe MSI 524288 Edge     xhci_hcd
IPI0:         0           0           0           0     CPU wakeup interrupts
IPI1:         0           0           0           0     Timer broadcast interrupts
IPI2:       455         527         369         486     Rescheduling interrupts
IPI3:      6775       10540       14147       12256     Function call interrupts
IPI4:         0           0           0           0     CPU stop interrupts
IPI5:       755         316        1550         612     IRQ work interrupts
IPI6:         0           0           0           0     completion interrupts
Err:          0
pi@raspberrypi:~ $
```

图 2-3　树莓派开发板的中断信息

```
pi@raspberrypi: ~
pi@raspberrypi:~ $ cat /proc/cpuinfo
processor       : 0
model name      : ARMv7 Processor rev 3 (v7l)
BogoMIPS        : 108.00
Features        : half thumb fastmult vfp edsp neon vfpv3 tls vfpv4 idiva idivt vfpd32 lpae evtstrm crc32
CPU implementer : 0x41
CPU architecture: 7
CPU variant     : 0x0
CPU part        : 0xd08
CPU revision    : 3

processor       : 1
model name      : ARMv7 Processor rev 3 (v7l)
BogoMIPS        : 108.00
Features        : half thumb fastmult vfp edsp neon vfpv3 tls vfpv4 idiva idivt vfpd32 lpae evtstrm crc32
CPU implementer : 0x41
CPU architecture: 7
CPU variant     : 0x0
CPU part        : 0xd08
CPU revision    : 3

processor       : 2
model name      : ARMv7 Processor rev 3 (v7l)
BogoMIPS        : 108.00
Features        : half thumb fastmult vfp edsp neon vfpv3 tls vfpv4 idiva idivt vfpd32 lpae evtstrm crc32
CPU implementer : 0x41
CPU architecture: 7
CPU variant     : 0x0
CPU part        : 0xd08
CPU revision    : 3

processor       : 3
model name      : ARMv7 Processor rev 3 (v7l)
BogoMIPS        : 108.00
Features        : half thumb fastmult vfp edsp neon vfpv3 tls vfpv4 idiva idivt vfpd32 lpae evtstrm crc32
CPU implementer : 0x41
CPU architecture: 7
CPU variant     : 0x0
CPU part        : 0xd08
CPU revision    : 3

Hardware        : BCM2711
Revision        : c03112
Serial          : 10000000c6506441
Model           : Raspberry Pi 4 Model B Rev 1.2
pi@raspberrypi:~ $
```

图 2-4　树莓派开发板的 CPU 信息

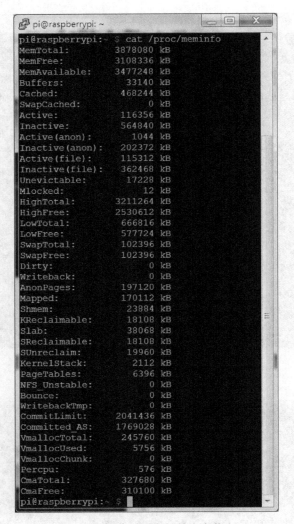

图 2-5　树莓派开发板的内存信息

2.1.2　Linux 文件属性和权限设置

2.1.2　Linux 文件属性和权限设置

1. 文件拥有者

由于 Linux 是多用户、多任务的系统，可能会有多人同时使用主机工作，考虑到每个人的隐私权，"文件拥有者"就显得很重要，例如：将个人的电子邮件转存为文件后，放在用户自己的主文件夹中，这时，就把该文件设置成"只有文件拥有者才能查看和修改这个文件的内容"。即使其他人知道谁有这个文件，但由于该文件设置了适当的权限，他们也不知道此文件的内容。

2. 用户组

通过权限设置，能限制其他用户组的人查看个人文件的内容，个人隐私文件仍然可以设置成本用户组无法查看。在 Linux 系统中，默认情况下，所有系统账户与一般用户的信息都记录在"/etc/passwd"文件内，密码记录在"/etc/shadow"文件中。Linux 的所有用户组名称都记录在"／etc／group"文件内。

3. ls 命令

这个命令就相当于 DOS 下的 dir 命令，这是 Linux 控制台命令中最为重要、最经常使用的几个命令之一。ls 命令最常用的参数有两个：-a 和-l。

ls -al 命令列出所有的文件，包括隐藏文件，Linux 系统中以"."开头的文件被系统视为隐藏文件，仅用 ls 命令是看不到它们的，而用 ls -a 除了显示一般文件外，隐藏文件也会显示出来。ls -al 表示以长格式显示所有文件内容。例如在 pi 用户的主目录/home/pi 下，输入 ls -al，则会显示如图 2-6 所示的信息。

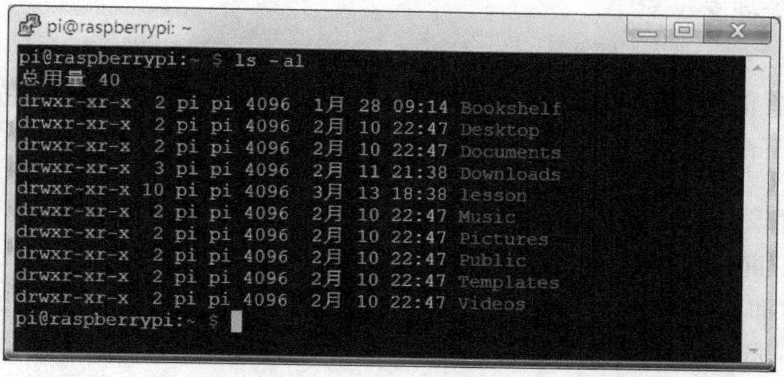

图 2-6　Linux 系统下 ls 命令的使用

这些显示内容的意义如下。

（1）第一列

第一列表示文件的属性。

Linux 的文件基本上分为 3 个属性：可读（r）、可写（w）和可执行（x）。这里有 10 位，如 drwxr-xr-x。第一位是特殊表示位，d 表示目录，例如 drwx------；l 表示链接文件，如 lrwxr-wxrwx；如果是以"-"表示，则表示这是文件。其余剩下的位就以每 3 位为一个单位，依次为 rwx（文件拥有者的权限）、r-x（文件拥有者所在组其他用户的权限）以及 r-x（其他用户的权限）。此处的 rwxr-xr-x 表示的权限是文件拥有者自己可读、可写、可执行；同一组的其他用户可读、不可写、可执行；系统上的其他用户可读、不可写、可执行。

另外，有一些程序属性的执行部分不是 x，而是 s，这表示执行这个程序的使用者可以临时以和拥有者一样权限的身份来执行该程序。一般在系统管理之类的指令或程序中，让使用者执行时拥有 root 身份。

（2）第二列

第二列表示文件个数，如果是文件的话，那这个数自然是 1；如果是目录，那它的数目就是该目录中的文件个数。

（3）第三列

第三列表示该文件或目录的拥有者，这里为"pi"。

（4）第四列

第四列表示所属的组（group），每一个使用者都可以拥有一个以上的组，不过大部分的使用者应该都只属于一个组，只有当系统管理员希望给予某使用者特殊权限时，才可能会给他分配另一个组。

（5）第五列

第五列表示文件大小。文件大小的单位是 Byte，而空目录一般都是 1024Byte，这里为"4096"。

（6）第六列

第六列表示创建日期。

以"月　日　时间"的格式表示，如图中的"2 月　10　22:47"表示 2 月 10 日 22:47。

（7）第七列

第七列表示文件名。

4. chmod 命令

chmod 命令是非常重要的，用于改变文件或目录的访问权限，用户用它控制文件或目录的访问权限。如下命令：

```
pi@raspberrypi:~ $ chmod 755 test
```

第一个"7"即 rwx：表示文件拥有者对这个文件可读、可写、可执行。

第二个"5"即 r-x：表示文件所属用户组的其他用户对这个文件可读、可执行，但不可写。

第三个"5"即 r-x：表示其他用户对这个文件可读、可执行，但不可写。

如果要让文件 test 的拥有者具有可读、可写、可执行的权限，所属用户组的其他用户有可读、可写的权限，系统中其他用户只有可读、可执行的权限，那么命令为 chmod 765 test。

5. chown 命令

chown 命令的功能是更改某个文件或目录的属主和属组。这个命令也很常用。例如用户 root 把自己的一个文件复制给用户 pi，为了让用户 pi 能够存取这个文件，应该把这个文件的属主设为 pi，否则，用户 pi 无法存取这个文件。-R 参数可以递归式地改变指定目录及其下的所有子目录和文件的拥有者，修改属性前后对比如图 2-7 所示。

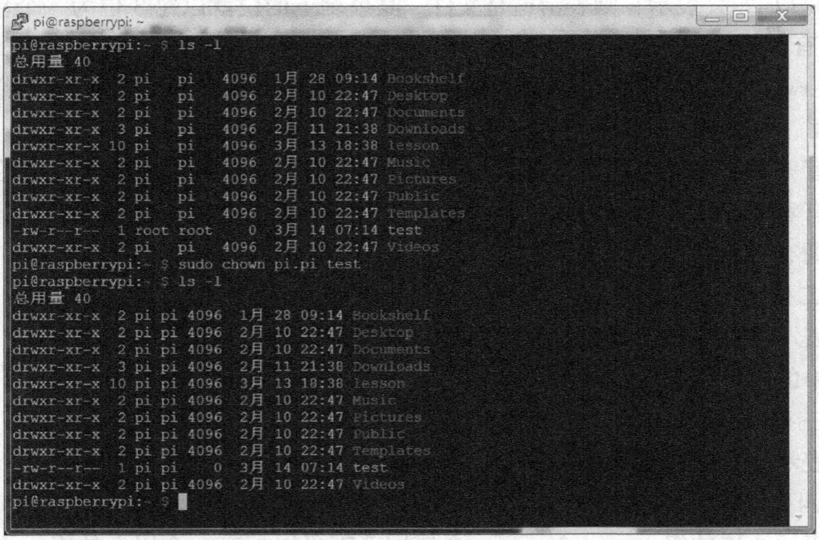

图 2-7　chown 命令修改 test 文件的属主和属组

2.1.3 文件的压缩打包与解压解包

文件的压缩打包与解压解包的命令为 tar。

1. tar 命令的参数

-c：建立一个压缩文件。

-x：解开一个压缩文件。

注意：参数 c/x/ 不能同时使用。

-z：用 gzip 压缩。

-j：用 bzip2 压缩。

-v：显示详细信息。

-f：压缩后的文件名，这个参数必须是最后一个参数。

2. tar 命令的使用举例

（1）tar 文件的打包与解包

```
pi@raspberrypi:~ $ tar cvf my_experiment.tar   my_experiment/          （打包）
pi@raspberrypi:~ $ tar xvf my_experiment.tar                            （解包）
```

（2）tar.gz 文件的打包压缩与解包解压

```
pi@raspberrypi:~ $ tar zcvf my_experiment.tar.gz   my_experiment/      （打包并压缩）
pi@raspberrypi:~ $ tar zxvf my_experiment.tar.gz                        （解包并解压）
```

（3）tar.bz2 文件的打包压缩与解包解压

```
pi@raspberrypi:~ $ tar jcvf my_experiment.tar.bz2   my_experiment/     （打包并压缩）
pi@raspberrypi:~ $ tar jxvf my_experiment.tar.bz2                       （解包并解压）
```

注意：如果输入 pi@raspberrypi:~ $tar cvf my_experiment.tar /home/pi/my_experiment/，会出现"tar:从成员名中删除开头的"/""的提示，这是因为在系统中，tar 默认不从根目录下开始，就是把绝对路径转为相对路径，这样就避免了覆盖目录的风险。

（4）tar.xz 文件的压缩与解压

```
pi@raspberrypi:~ $ tar cvf my_experiment.tar my_experiment/
（先创建 my_experiment.tar 文件）
pi@raspberrypi:~ $ xz -z my_experiment.tar
（再将 my_experiment.tar 压缩成 my_experiment.tar.xz 文件）
pi@raspberrypi:~ $ xz -d my_experiment.tar.xz                           （先解压）
pi@raspberrypi:~ $ tar -xvf   my_experiment.tar                         （再解包）
```

2.1.4 Linux 支持的文件系统

1. ext4 文件系统

ext4 是 Linux 内核版本 2.6.28 的重要部分。它是 Linux 文件系统的一次革命。在很多方面，ext4 相对于 ext3 的进步要远超过 ext3 相对于 ext2 的进步。ext3 相对于 ext2 的改进主要在于日志方面，但是 ext4 相对于 ext3 的改进是更深层次的，是文件系统数据结构方面的优化。

2. swap 文件系统

swap 文件系统用于 Linux 的交换分区。在 Linux 中，使用整个交换分区来提供虚拟内存，其分区大小一般应是系统物理内存的两倍，在安装 Linux 操作系统时，就应创建交换分区，它是 Linux 正常运行所必需的，交换分区由操作系统自行管理。

3. mount 命令

装载文件系统的命令是 mount。

格式：mount -t 文件系统类型 设备名 装载目录

（1）文件系统类型

文件系统类型就是分区格式，Linux 支持的文件系统类型主要有以下几种。

- msdos：DOS 分区文件系统类型。
- vfat：支持长文件名的 DOS 分区文件（可以理解为 Windows 文件）系统类型。
- iso9660：光盘的文件系统类型。
- ext2、ext3、ext4：表示 ext2、ext3、ext4 文件系统类型。

（2）设备名

设备名指的是要装载的设备名称。软盘一般为/dev/fd0；光盘则根据光驱的位置来决定，通常光驱装在第二个 IDE 硬盘的主盘位置，就是/dev/hdb；如果访问的是 DOS 的分区，则列出其设备名，如/dev/hda1 是指第一个 IDE 硬盘的第一个分区。SATA 硬盘则为 "/dev/sda1"，表示第一个 SATA 硬盘的第一个分区。

（3）装载目录

装载目录就是指定设备的载入点。装载 Windows 所在的 C 盘 sda1 到 Linux 系统的/mnt/c 目录下，先使用命令 mkdir /mnt/c 在/mnt 目录下建立一个空的 c 目录。再使用如下命令将 Windows 的 C 盘装载到/mnt/c 目录下，读写 C 盘根目录中的内容。

```
mount -t vfat /dev/sda1 /mnt/c
```

当要换一张光盘或软盘时，一定要先卸载，再对新盘重新装载，卸载的命令格式是 umonut 目录名，例如要卸载光盘，可输入命令 sudo umonut /mnt/cdrom。

2.1.5 Linux 版本查询

在 Linux 系统下，输入 uname -a，可显示操作系统的版本信息，如图 2-8 所示。

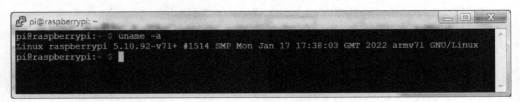

图 2-8　Linux 显示操作系统版本信息

查看当前操作系统版本信息，输入 cat /proc/version，则显示正在运行的内核版本。

```
pi@raspberrypi:~ $ cat /proc/version
Linux version 5.10.92-v7l+（dom@buildbot）（arm-linux-gnueabihf-gcc-8（Ubuntu/Linaro 8.4.0-
3ubuntu1）8.4.0, GNU ld（GNU Binutils for Ubuntu）2.34）#1514 SMP Mon Jan 17 17:38:03
GMT 2022
```

输入 cat /etc/issue，显示的是发行版本信息。

```
pi@raspberrypi:~ $ cat /etc/issue
Raspbian GNU/Linux 11 \n \l
```

2.1.6 Linux 用户登录和账号管理

Linux 作为一种多用户的操作系统（服务器系统），允许多个用户同时登录到系统上，并响应每个用户的请求。每个需要使用操作系统的用户都需要一个系统账号，账号分为管理员账号与普通用户账号。

在 Linux 中，操作系统根据 UID 来判断用户类型，为 0 就是管理员，允许有多个 UID 为 0 的账号。系统在新建账号时，会根据账号类型自动分配递增账号的 UID（用户身份编号）与 GID（组编号），也可自行分配。通常情况下，应当保证 UID 与 GID 唯一且不重复。

1. 组的类别

在 Linux 中，每个用户必须有一个组。当创建账号时，系统会自动创建一个同名组作为该账户的组。用户必须属于一个组，也可以属于多个附加组。

2. 用户管理

在 Linux 中，用户与组以配置文件的形式保存在系统中，以下为用户与组的主要配置文件。

/etc/passwd：用户及其属性信息（名称、UID、主组 ID 等）。

/etc/group：组及其属性信息。

/etc/shadow：用户密码及其相关属性。

在 Linux 中，管理员在默认情况下为 root 账户，UID = 0。普通用户 UID 的默认范围为 1~65 535。

1）添加新的用户账号使用 useradd 命令，其语法如下：

useradd 选项 用户名

参数说明。

① 选项：

-c 指定一段注释性描述。

-m 自动创建用户的登录目录。

-d 指定用户主目录，如果此目录不存在，则可以同时使用-m 选项创建主目录。

-g 指定用户所属的用户组。

-G 指定用户所属的附加组。

-s 指定用户的登录 Shell。

-u 指定用户的 UID。

② 用户名：指定新账号的登录名。

例如：

```
pi@raspberrypi:~ $ sudo useradd    -m pi2
```

此命令创建了一个用户 pi2，并为登录名 pi2 创建主目录 /home/pi2。

```
pi@raspberrypi:~ $ ls -l /home/
总用量 8
drwxr-xr-x   2 pi2    pi2    4096 3 月    14 11:07 pi2
drwxr-xr-x 20 xmcu xmcu 4096 3 月    14    2022 pi
```

2）使用 passwd 命令为 pi2 这个新用户设置密码。

```
pi@raspberrypi:~ $ sudo passwd pi2
[ sudo] pi 的密码：
新的密码：
重新输入新的密码：
passwd:已成功更新密码
pi@raspberrypi:~ $
```

3）如果一个用户的账号不再使用，可以从系统中删除。删除用户账号就是将/etc/passwd 等文件中的该用户记录删除，必要时还删除用户的主目录。删除账号使用 userdel 命令，其语法如下：

```
userdel    选项    用户名
```

常用的选项是 -r，它的作用是把用户的主目录一起删除。如下命令删除用户 pi2 在系统文件中（主要是/etc/passwd、/etc/shadow、/etc/group 等）的记录，同时删除用户的主目录。

```
pi@raspberrypi:~ $ sudo userdel -r pi2
```

2.2 Linux 常用命令

2.2.1 目录命令：cd、pwd 和 clear 命令

- cd 命令：用于进出目录的命令。
- pwd 命令：显示用户当前所在的目录。
- clear 命令：清除屏幕信息，该命令不需要任何参数，如果屏幕信息太乱，可以使用它清除屏幕信息。

2.2.2 查看文件命令：cat、more 和 less 命令

1. cat 命令

cat 命令的主要功能是将一个文件的内容连续显示在屏幕上。例如将/etc/passwd 文件的内容显示在屏幕上，如图 2-9 所示。

图 2-9　用 cat 命令查看 passwd 文件的内容

2. more 命令

如果一个文本文件太长而超过一页，就可以用 more 指令，more 指令可以使超过一页的文件临时停留在屏幕，等用户按任何键后，才继续显示。

3. less 命令

less 命令除了有 more 命令的功能以外，还可以用方向键往上或往下滚动文件，浏览文件的内容。

2.2.3　复制和删除命令：cp 和 rm 命令

1. cp 命令

cp 命令的功能是复制文件或目录，其格式如下。

　　cp [-参数] 来源文件 (source) 目标文件 (destination)

参数：

-f：强制 (force) 的意思，若有重复或其他疑问，不会询问用户，而是强制复制。

-i：若目标文件 (destination) 已经存在，在覆盖时会先询问是否真的操作。

-p：连同文件的属性一起复制，而非使用默认属性。

-r：递归持续复制，用于目录的复制行为。

例如将/home/pi/目录下的文件复制到/tmp/test 目录下，命令为

> pi@ raspberrypi:~ $ cp /home/pi/test. c /tmp/　　（复制文件/home/pi/test. c 到/tmp 目录下）
> pi@ raspberrypi:~ $ mkdir /tmp/test　　　　　　（创建目录/tmp/test/）
> pi@ raspberrypi:~ $ cp -rf /home/pi/ /tmp/test/（复制目录/home/pi/到/tmp/test/目录下）

-rf 表示复制所有的文件，包括子目录，字母 f 表示即使/tmp/test 目录下有同样的目录，也强制复制。

2. rm 命令

rm 命令的功能是删除文件或目录，其格式如下。

> rm［-rf］文件或目录

参数：

-f：就是 force 的意思，即强制删除。

-r：递归删除，常用于目录的删除。

例如：

> pi@ raspberrypi:~ $ rm /home/pi/test. c　　（删除文件/home/pi/test. c）
> pi@ raspberrypi:~ $ rm -rf /tmp/test/　　（删除目录/tmp/test/）

如果要将目录下的内容以及子目录都一起删除，就要使用 -rf 参数。不过，要谨慎使用 rm -rf 命令，因为系统不会再次询问是否要删除。

2. 2. 4　进程命令：ps 和 kill 命令

1. ps 命令

ps 命令常用于监控后台进程的工作情况，如用 ps aux 命令查看 Raspberry Pi 树莓派开发板上都运行了哪些程序，如图 2-10 所示。

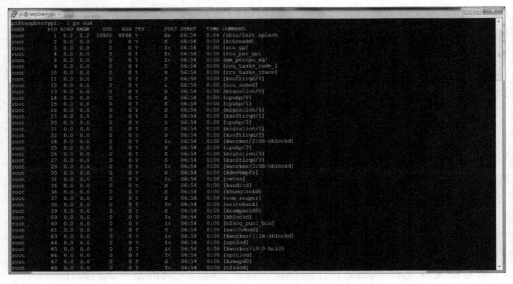

图 2-10　用 ps 命令查看进程信息

第一列是进程的用户，第二列 PID 就是进程的 ID 号，可以用 kill 命令来停止指定 PID 的程序，第三列是 CPU 占用的情况，第四列是内存占用的情况，最后一列就是进程的名称及路径。

2. kill 命令

kill 命令的作用是传递一个信号（signal）给某一个进程，因为传递的信号大部分是用来终止进程的 SIGKILL 或 SIGHUP，因此该命令称为 kill。

如输入如下命令：

```
pi@ raspberrypi:~ $ kill 618
```

该命令终止了 PID 为 618 的 led-player 程序，led-player 程序是让 LED 灯轮流点亮的程序，终止后 LED 灯就不会轮流点亮了。

2.2.5　文件创建命令：touch 和 ln 命令

1. touch 命令

touch 命令能够创建一个空白文件，或者改变文件的创建时间。其格式如下。

```
touch 文件名
```

一般来说，建立一个文件都会使用 vi 编辑器，但是也可以使用 touch 命令来创建一个空白文件。如要在/home/pi 目录下创建一个名为 test 的空白文件，可以执行以下命令：

```
pi@ raspberrypi:~ $ touch /home/pi/test
```

通过 touch 命令，可以轻松地修改文件的日期与时间，同时也建立了一个空白文件。

2. ln 命令

ln 命令的功能是为某一个文件在另外一个位置建立一个链接，这个命令最常用的参数是-s，其格式如下。

```
ln -s 源文件 目标文件
```

当需要在不同的目录用到相同的文件时，不需要在每个目录下都放一个相同的文件，只要用 ln 命令链接上需要的文件就可以了，不必重复地占用磁盘空间，如建立一个链接文件/tmp/passwd，该文件指向/etc/passwd，如图 2-11 所示。

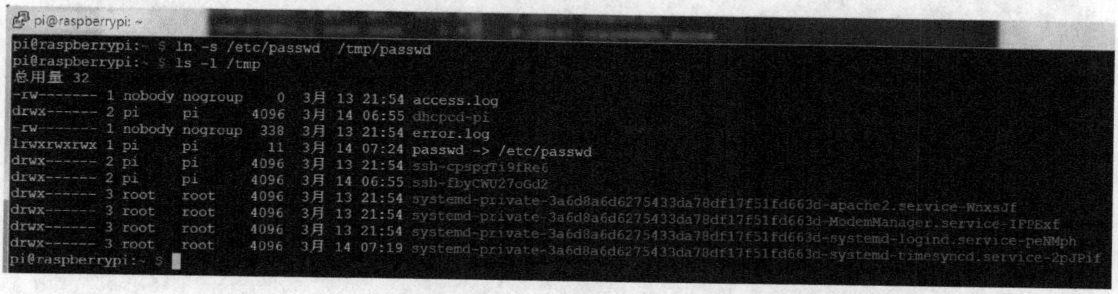

```
pi@raspberrypi:~ $ ln -s /etc/passwd  /tmp/passwd
pi@raspberrypi:~ $ ls -l /tmp
总用量 32
-rw------- 1 nobody nogroup    0  3月 13 21:54 access.log
drwx------ 2 pi     pi      4096  3月 14 06:55 dhcpcd-pi
-rw------- 1 nobody nogroup  338  3月 13 21:54 error.log
lrwxrwxrwx 1 pi     pi        11  3月 14 07:24 passwd -> /etc/passwd
drwx------ 2 pi     pi      4096  3月 13 21:54 ssh-cpspgTi9fRe6
drwx------ 2 pi     pi      4096  3月 14 06:55 ssh-fbyCWU27oGd2
drwx------ 3 root   root    4096  3月 13 21:54 systemd-private-3a6d8a6d6275433da78df17f51fd663d-apache2.service-WnxsJf
drwx------ 3 root   root    4096  3月 13 21:54 systemd-private-3a6d8a6d6275433da78df17f51fd663d-ModemManager.service-IFPExf
drwx------ 3 root   root    4096  3月 13 21:54 systemd-private-3a6d8a6d6275433da78df17f51fd663d-systemd-logind.service-peNMph
drwx------ 3 root   root    4096  3月 14 07:19 systemd-private-3a6d8a6d6275433da78df17f51fd663d-systemd-timesyncd.service-2pJPif
pi@raspberrypi:~ $
```

图 2-11　ln 命令

这里有两点要注意：

1）ln 命令会保持链接文件的同步性，也就是说，不论改动了哪一处，其他的文件都会发生相同的变化。

2）ln 命令建立的链接有软链接和硬链接两种，软链接 ln -s **** 只会在选定的位置上生成一个文件的镜像，不会占用磁盘空间，硬链接 ln ＊＊＊＊没有参数-s，它会选定的位置上生成一个和源文件大小相同的文件。无论是软链接还是硬链接，文件都保持同步变化。

2.2.6　分析工具命令：last、dmesg、who 和 w 命令

1. last 命令

last 命令的作用是列出登录系统的用户信息。

2. dmesg 命令

dmesg 命令的作用是显示开机信息。

3. who 和 w 命令

who 命令用来查询目前有哪些用户在线上。w 命令用来查询目前有哪些用户在线上，同时显示出那些用户目前的工作。如图 2-12 所示为 w 命令的结果，显示了登录用户所做的工作进程。

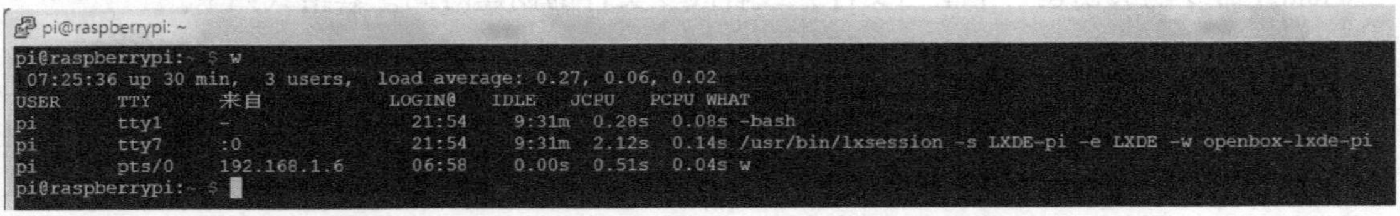

```
pi@raspberrypi:~ $ w
 07:25:36 up 30 min,  3 users,  load average: 0.27, 0.06, 0.02
USER     TTY      来自             LOGIN@   IDLE   JCPU   PCPU WHAT
pi       tty1     -                21:54    9:31m  0.28s  0.08s -bash
pi       tty7     :0               21:54    9:31m  2.12s  0.14s /usr/bin/lxsession -s LXDE-pi -e LXDE -w openbox-lxde-pi
pi       pts/0    192.168.1.6      06:58    0.00s  0.51s  0.04s w
pi@raspberrypi:~ $
```

图 2-12　w 命令

2.2.7　帮助命令：help 和 man 命令

1. help 命令

help 是一个命令选项，用来显示一些工具的帮助信息。如在命令行中输入 ls -help，就会显示 ls 命令的详细信息，如图 2-13 所示。

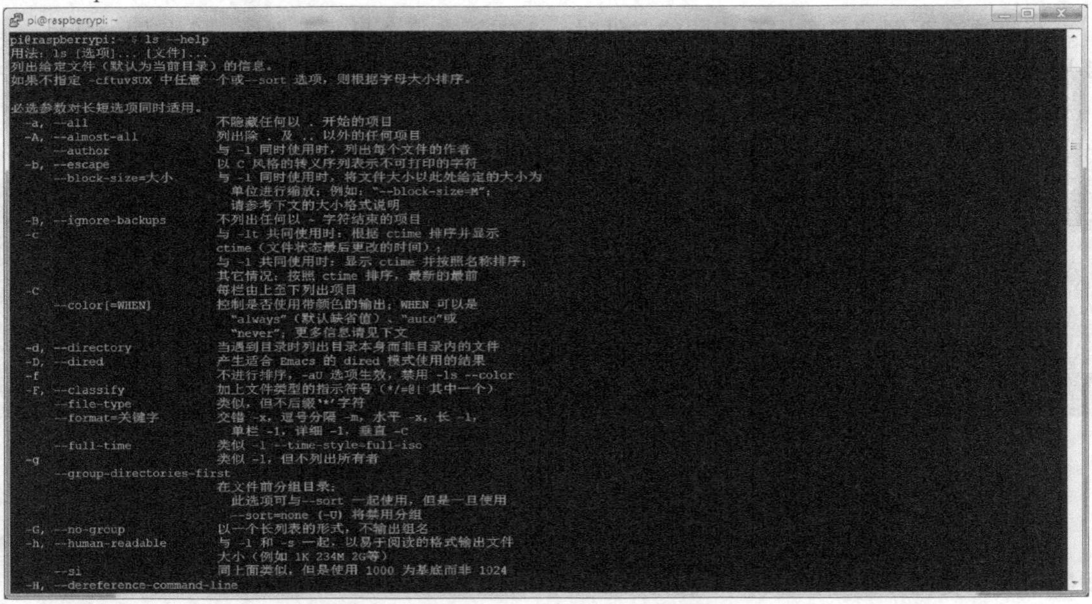

```
pi@raspberrypi:~ $ ls --help
用法：ls [选项]... [文件]...
列出给定文件（默认为当前目录）的信息。
如果不指定 -cftuvSUX 中任意一个或--sort 选项，则根据字母大小排序。

必选参数对长短选项同时适用。
  -a, --all                  不隐藏任何以 . 开始的项目
  -A, --almost-all           列出除 . 及 .. 以外的任何项目
      --author               与 -l 同时使用时，列出每个文件的作者
  -b, --escape               以 C 风格的转义序列表示不可打印的字符
      --block-size=大小      与 -l 同时使用时，将文件大小以此处给定的大小为
                               单位进行缩放；例如："--block-size=M"；
                               请参考下文的大小格式说明
  -B, --ignore-backups       不列出任何以 ~ 字符结束的项目
  -c                         与 -lt 共同使用时：根据 ctime 排序并显示
                             ctime（文件状态最后更改的时间）；
                             与 -l 共同使用时：显示 ctime 并按照名称排序；
                             其它情况：按照 ctime 排序，最新的最前
  -C                         每栏由上至下列出项目
      --color[=WHEN]         控制是否使用带颜色的输出；WHEN 可以是
                               "always"（默认缺省值）、"auto"或
                               "never"；更多信息请见下文
  -d, --directory            当遇到目录时列出目录本身而非目录内的文件
  -D, --dired                产生适合 Emacs 的 dired 模式使用的结果
  -f                         不进行排序，-aU 选项生效，禁用 -ls --color
  -F, --classify             加上文件类型的指示符号（*/=@| 其中一个）
      --file-type            类似，但不后缀'*'字符
      --format=关键字        交错 -x，逗号分隔 -m，水平 -x，长 -l，
                               单栏 -1，详细 -l，垂直 -C
      --full-time            类似 -l --time-style=full-iso
  -g                         类似 -l，但不列出所有者
      --group-directories-first
                             在文件前分组目录；
                               此选项可与--sort 一起使用，但是一旦使用
                               --sort=none (-U) 将禁用分组
  -G, --no-group             以一个长列表的形式，不输出组名
  -h, --human-readable       与 -l 和 -s 一起，以易于阅读的格式输出文件
                             大小（例如 1K 234M 2G等）
      --si                   同上面类似，但是使用 1000 为基底而非 1024
  -H, --dereference-command-line
```

图 2-13　用 help 命令显示 ls 命令的详细信息

2. man 命令

man 是 manual（手册）的简写。利用 man 命令可以显示系统手册页中的内容，这些内容大多数都是对命令的解释信息。当需要了解某个命令更为详细的信息时，可以使用命令 man 后面跟命令名的方法来实现。如在命令行中输入 man ls，就可以得到 ls 命令的详细说明。

2.2.8 网络相关命令

1. ping 命令

ping 命令用来测试网络是否畅通，对确定网络是否正确连接，以及网络连接的状况十分有用。命令格式如下。

ping 目标地址

目标地址指的是被测计算机的 IP 地址、主机名或者域名，使用该命令的执行结果如图 2-14 所示。

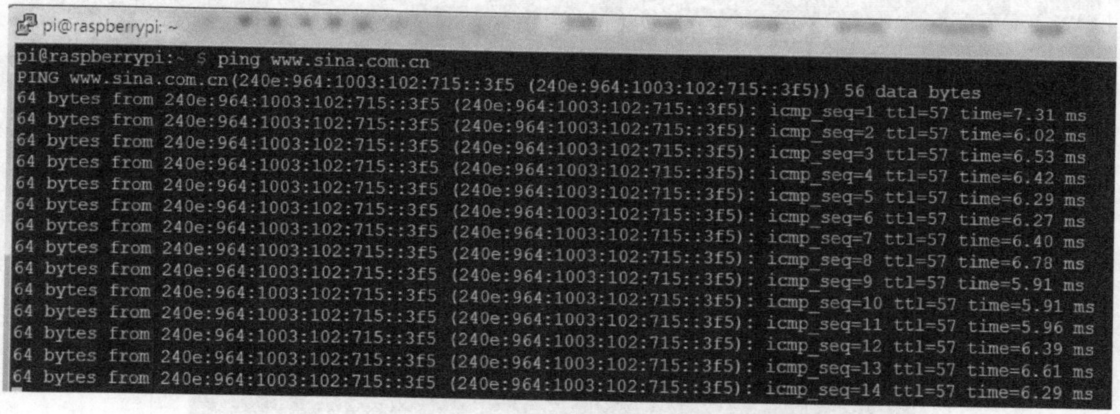

图 2-14　ping 命令的执行结果

2. ifconfig 命令

ifconfig 命令用于配置和显示 Linux 内核中网络接口的网络参数。用 ifconfig 命令配置的网卡信息，在系统重启后就不存在。ifconfig 命令的执行结果如图 2-15 所示。

eth0 是树莓派上的有线网卡的信息；lo 是表示主机的回环地址，一般用来测试网络程序，但局域网或外网的用户不能查看；wlan0 是树莓派上无线网卡的信息。

3. arp 命令

arp 命令用于操作主机 arp 缓冲区，可以显示 arp 缓冲区的所有条目、删除指定条目或增加静态 IP 地址与 MAC 地址的对应关系，该命令的执行结果如图 2-16 所示。

2.2.9 系统管理命令

系统管理基本上可以分为两种，一种是系统管理员 root 对 Linux 的系统管理部分，root 本身的职责就是负责整个 Linux 系统的运行稳定，增加系统安全性，校验使用者的身份，新增用户或删除恶意的用户，并明确每一个用户在机器上的权限等。另一种就是每一个用户

```
pi@raspberrypi: ~
rtt min/avg/max/mdev = 5.753/6.060/6.403/0.254 ms
pi@raspberrypi:~ $ ifconfig
eth0: flags=4163<UP,BROADCAST,RUNNING,MULTICAST>  mtu 1500
        inet 192.168.1.5  netmask 255.255.255.0  broadcast 192.168.1.255
        inet6 fe80::9cdb:8473:99df:bb32  prefixlen 64  scopeid 0x20<link>
        inet6 240e:37d:1a34:3100:5572:fcea:d093:8c7f  prefixlen 64  scopeid 0x0<global>
        ether dc:a6:32:87:9c:24  txqueuelen 1000  (Ethernet)
        RX packets 2616  bytes 266987 (260.7 KiB)
        RX errors 0  dropped 0  overruns 0  frame 0
        TX packets 1928  bytes 381514 (372.5 KiB)
        TX errors 0  dropped 0 overruns 0  carrier 0  collisions 0

lo: flags=73<UP,LOOPBACK,RUNNING>  mtu 65536
        inet 127.0.0.1  netmask 255.0.0.0
        inet6 ::1  prefixlen 128  scopeid 0x10<host>
        loop  txqueuelen 1000  (Local Loopback)
        RX packets 30  bytes 2887 (2.8 KiB)
        RX errors 0  dropped 0  overruns 0  frame 0
        TX packets 30  bytes 2887 (2.8 KiB)
        TX errors 0  dropped 0 overruns 0  carrier 0  collisions 0

wlan0: flags=4163<UP,BROADCAST,RUNNING,MULTICAST>  mtu 1500
        inet 192.168.1.4  netmask 255.255.255.0  broadcast 192.168.1.255
        inet6 fe80::c153:12e1:43dd:fc75  prefixlen 64  scopeid 0x20<link>
        inet6 240e:37d:1a34:3100:4507:328b:aad1:ad23  prefixlen 64  scopeid 0x0<global>
        ether dc:a6:32:87:9c:27  txqueuelen 1000  (Ethernet)
        RX packets 199  bytes 25664 (25.0 KiB)
        RX errors 0  dropped 0  overruns 0  frame 0
        TX packets 98  bytes 12667 (12.3 KiB)
        TX errors 0  dropped 0 overruns 0  carrier 0  collisions 0

pi@raspberrypi:~ $
```

图 2-15　ifconfig 命令的执行结果

```
pi@raspberrypi: ~
pi@raspberrypi:~ $ arp -a
? (192.168.1.6) at 28:16:ad:55:26:2f [ether] on eth0
? (192.168.1.1) at 84:1c:70:76:97:3d [ether] on eth0
? (192.168.1.1) at 84:1c:70:76:97:3d [ether] on wlan0
pi@raspberrypi:~ $
```

图 2-16　arp 命令的执行结果

（包括 root）对自己文件的权限管理。因为 Linux 是多用户、多任务系统，每一个用户都有可能将其工作的内容或一些机密性的文件放在 Linux 工作站上，所以对每个文件或目录的归属和使用权，都要有非常明确的规定。下面就按管理员和一般用户分类来介绍基本的系统管理命令。

1. adduser 命令

adduser 命令用于新增用户的账号。例如要新增一个叫作 tom 的用户，则输入 adduser tom 命令。

注意：新增的用户是没有口令的，要使用 passwd 命令设置密码。

2. passwd 命令

passwd 命令可以修改特定用户的口令，使用格式如下。

　　passwd 用户名

　　如 passwd tom 就是给刚才新建的用户 tom 设置密码，系统会提示输入新密码，输入第一遍后，还要输入第二遍进行确认。输入两遍相同的密码之后，系统就接受了新的密码。如果这个命令是一般用户来使用的话，那就只能改变他自己的密码。

3. find 和 whereis 命令

这两个命令都是用来查找文件的。

（1）find 命令

find 命令使用格式如下。

　　find 路径名称 -name 文件名 参数

如在/usr/sbin 目录下寻找文件名以 if 开头的文件，命令为

```
pi@ raspberrypi：/tmp $ sudo find /usr/sbin -iname " if * "
/usr/sbin/ifconfig
/usr/sbin/ifup
/usr/sbin/ifdown
/usr/sbin/ifquery
```

（2）whereis 命令

whereis 命令使用格式如下。

```
whereis 文件名
pi@ raspberrypi：~ $ whereis　ifconfig
ifconfig：/usr/sbin/ifconfig /usr/share/man/man8/ifconfig. 8. gz
pi@ raspberrypi：~ $
```

　　一般来说，find 命令功能最为强大，但是对硬件的损耗也是最大的，当使用 find 去查找文件时，会发现硬盘在不停地闪动。而当使用 whereis 去查找文件时，硬盘却是安安静静的，这是因为 whereis 命令是从系统的数据库中查找文件，而不是去搜索硬盘。

4. sudo 命令

sudo 命令可以让普通用户变成具有管理员权限的超级用户（superuser）。多用户、多任务系统的重点之一就是系统的安全性，应避免用 root 身份登录，即使要管理系统，也尽量使用 sudo 指令来临时管理系统。

5. shutdown 和 halt 命令

这两个命令是用来关闭 Linux 操作系统的，普通用户是不能够随便关闭系统的，关闭系统或者重新启动系统的操作只有管理员才有权执行。另外，Linux 系统在执行的时候会将部分内存用作缓存区，如果内存上的数据还没有写入硬盘就把电源拔掉，数据就会丢失，如果这些数据是和系统本身有关的，那么会对系统造成极大的伤害。建议在关机之前执行 3 次同步指令 sync，可以用分号 "；" 分开，具体参见如下代码。

```
pi@ raspberrypi：~ $ sudo　sync；sync；sync
```

（1）shutdown 命令

使用 shutdown 关闭系统的时候有以下几种格式：

- sudo shutdown：系统内置 2 min 后关机，并传送一些消息给当前用户。
- sudo shutdown -h now：下完这个指令，系统立刻关机。
- sudo shutdown -r now：下完这个指令，系统立刻重新启动，相当于 reboot。
- sudo shutdown -h 20：25：系统会在今天的 20：25 关机。
- sudo shutdown -h +10：系统会在 10 min 后关机。

```
pi@ raspberrypi：~ $ sudo shutdown -h +10
Shutdown scheduled for Mon 2022-03-14 16：30：58 CST, use 'shutdown -c' to cancel.
pi@ raspberrypi：~ $
```

（2）halt 命令

halt 命令就是立刻关机，只要输入 halt，系统就会立刻执行关机程序。

6. reboot 命令

reboot 命令是用来重新启动系统的。当输入 reboot 后，就会看到系统正在将一个一个的服务都关闭掉，然后再关闭文件系统和硬件，接着机器开始重新自检，重新引导，再次进入 Linux 系统。

7. logout 命令

logout 命令的作用是退出系统。

8. df 命令

df -h 可以查看磁盘的使用情况，如图 2-17 所示。

```
pi@raspberrypi: ~
pi@raspberrypi:~ $ df -h
文件系统          容量    已用    可用  已用%  挂载点
/dev/root         16G     13G    2.6G   83%   /
devtmpfs          1.7G     0     1.7G    0%   /dev
tmpfs             1.9G     0     1.9G    0%   /dev/shm
tmpfs             758M   1.2M    757M    1%   /run
tmpfs             5.0M   4.0K    5.0M    1%   /run/lock
/dev/mmcblk0p1    253M    49M    204M   20%   /boot
tmpfs             379M    32K    379M    1%   /run/user/1000
pi@raspberrypi:~ $
```

图 2-17　查看磁盘使用情况

2.2.10　数据流重定向

Linux 默认输入是键盘，输出是显示器。然而，可以用重定向来改变这些设置，重定向操作符可以用来将命令输入和输出数据流从默认位置重定向到其他位置。Linux 重定向操作符功能描述：

2.2.10　数据流重定向

>：将命令输出写入文件或设备。

<：从文件而不是从键盘输入命令。

如把/etc 目录下的文件信息存储到/tmp/etcfile 文件中，命令如下。

```
pi@ raspberrypi：~ $ ls -l /etc/ > /tmp/etcfile
pi@ raspberrypi：~ $ cat /tmp/etcfile
```

```
总用量 1196
-rw-r--r--    1 root root     2981   1 月 28 09：02 adduser. conf
drwxr-xr-x   3 root root     4096   1 月 28 09：11 alsa
drwxr-xr-x   2 root root    12288   3 月 12 11：00 alternatives
drwxr-xr-x   8 root root     4096   3 月  8 16：24 apache2
drwxr-xr-x   2 root root     4096   1 月 28 09：21 apparmor
…
```

2.2.11　管道的使用

2.2.11　管道的使用

管道就是将第一个命令的结果作为第二个命令的输入，继续处理。如，用 ls 命令来查看/etc 目录的内容：

> pi@ raspberrypi：~ $ ls -al /etc

这个输出结果很快就显示完了，可以用管道将 ls -al /etc 的结果作为第二个命令 less 的输入，less 是一个分页显示文件的工具，这样就允许一页一页地查看/etc 目录下的文件信息了。

> pi@ raspberrypi：~ $ ls -al /etc | less

2.2.12　使用 apt-get 安装软件

2.2.12　使用 apt-get 安装软件

apt-get 是在线安装 deb 软件包的命令，主要用于在线从互联网的软件仓库中搜索、安装、升级、卸载软件。使用 apt-get 方式安装软件一定要联互联网。其基本语法格式为：

> apt-get［参数］命令

1. update 命令

update 命令用于重新同步索引文件。应该在安装或升级包之前执行 update 命令，如 sudo apt-get update。

2. install 命令

install 命令用来安装或者升级包，其安装软件包的格式为：

> sudo apt-get install 软件名称

多数包在安装前都需要与用户交互，在用户确认后才继续安装。而在自动化的任务中是没办法与用户交互的。-y 选项可以在这样的场景中发挥作用，其效果就像是用户确认了安装操作一样，命令格式为

> sudo apt-get install -y 软件名称

3. upgrade 命令

upgrade 命令用于从 /etc/apt/sources. list 源地址中安装软件包的最新版本。update 命令与 upgrade 命令是不一样的，update 命令是更新软件列表，upgrade 命令是更新软件。

4. remove 命令

remove 命令用于删除一个软件包，但是其配置文件会保留在系统上。卸载软件包的格

式为

　　　sudo apt-get remove 软件名称

如果要彻底清除包，可以使用 purge 命令，它会同时删除程序文件及其配置文件，命令格式为

　　　sudo apt-get purge 软件名称

5. autoremove 命令

autoremove 命令用于删除自动安装的软件包，这些软件包当初是为了满足其他软件包的依赖关系而安装的，而现在已经不再需要了。

6. dpkg 命令

apt 命令与 dpkg 命令均为 Ubuntu 下面的包管理工具，dpkg 命令侧重于本地软件的管理，apt 命令侧重于远程包的下载和依赖管理。树莓派系统也都支持这两种安装软件的方式，如在第 3 章要安装的 GPIO 的 C 语言库的安装命令为

　　　pi@ raspberrypi：~ /lesson/chapt3 $ sudo dpkg -i wiringpi-2. 52. deb

2.3　本章小结

Linux 的目录结构是树形的，在树形目录结构中，文件和目录都通过路径来表示。路径有两种表示方法：一种是从根目录开始，称为绝对路径；一种是从当前目录开始，称为相对路径。本章介绍了 Linux 文件的属性及权限的设置。可用 chmod 命令改变文件或目录的访问权限，用户用它控制文件或目录的访问权限。可用 tar 命令来打包或解包，用 zip、bzip2、gzip、compress 等命令来压缩解压。本章还介绍了一些常用的命令，如 ls、cat、less、cp、mv、rm、ps、kill、touch、last、dmesg、help、man，以及数据流重定向和管道命令。

2.4　习题

一、多选题

下列关于 Linux 的说明，哪些是正确的?（　　）

A. Linux 是一个开放源码的操作系统

B. Linux 是一个类 UNIX 的操作系统

C. Linux 是一个多用户的操作系统

D. Linux 是一个多任务的操作系统

二、单选题

1. 假如得到一个运行命令被拒绝的信息，可以用（　　）命令去修改它的权限使之可以正常运行。

　　A. path =　　　　　B. chmod　　　　　C. chgrp　　　　　D. chown

2. 对一个文件 zhy，实现所有用户都有读和执行权限的命令是（　　）。

　　A. chmod 555 zhy　　B. chmod 123 zhy　　C. chmod 321 zhy　　D. chmod 999 zhy

3. man cp 命令的作用为（　　　）。
   A. 显示命令 cp 的语法信息　　　　　　B. 类似于命令 ls
   C. 是命令 ls -la | more 的别名　　　　　D. 用于显示 HTML 格式文件

4. 由/root 目录进入系统用户 test 的属主目录的命令是（　　　）。
   A. cd test　　　　　B. cd ~/home/test　　　C. cd /home/test　　　　D. cd /test

5. 解压缩 file. tar. gz 文件的命令是（　　　）。
   A. unzip file. tar. gz　　　　　　　　　B. gunzip file. tar. gz
   C. tar zxvf file. tar. gz　　　　　　　　D. rpm -ihv file. tar. gz

C. 执行当前目录下的 a 程序   D. 用于显示 a 程序的源代码
A. cat a   B. ./a
B. 执行命令   D. cd /root
15. 简述文件操作命令的应用。

第 3 章　嵌入式 Linux 开发基础

　　汇编语言和 C 语言是传统的嵌入式开发语言，C 语言是一种结构化、效率高、广泛使用的嵌入式开发语言。汇编语言具有效率高、代码短等优点，但不易维护、阅读困难等明显缺点使得其应用范围越来越小。随着人工智能技术的快速发展，Python 语言成为嵌入式人工智能应用项目的主要语言之一。本章讲解嵌入式 C 语言开发的基础。

3.1　C 语言编程

3.1.1　C 语言简介

　　C 语言是由贝尔实验室于 1972 年开发的。C 语言功能强大且灵活，它既有高级语言的特点，又具有汇编语言的特点。C 语言既可以作为系统设计语言编写系统程序，又可以作为应用程序设计语言编写不依赖计算机硬件的应用程序。

　　C 语言的优点如下。

　　1）简洁紧凑、灵活方便。C 语言一共只有 32 个关键字，9 种控制语句，程序书写自由，主要用小写字母表示。

　　2）运算符丰富。C 语言共有 34 种运算符。C 语言把括号、赋值、强制类型转换等都作为运算符处理，从而使 C 语言的运算类型极其丰富，表达式类型多样化。

　　3）数据丰富。C 语言的数据类型有：整型、实型、字符型、数组类型、指针类型、结构体类型、共用体类型，并引入了指针概念，使程序效率更高。

　　4）结构式语言。结构式语言的显著特点是代码与数据的分隔化，即程序的各个部分除了必要的信息交流外彼此独立。这种结构化方式使程序层次清晰，便于使用、维护以及调试。C 语言是以函数形式提供给用户的，这些函数可方便地调用，并具有多种循环、条件语句控制程序流向，从而使程序完全结构化。

　　5）C 语言允许直接访问物理地址，可以直接对硬件进行操作。C 语言既具有高级语言的功能，又具有低级语言的许多功能，能够像汇编语言一样对位、字节和地址进行操作，而这三者是计算机最基本的工作单元。

　　6）C 语言程序生成的代码质量高，程序执行效率高。一般 C 语言只比汇编程序生成的目标代码效率低 10%~20%。

　　7）C 语言适用范围广，可移植性好。C 语言有一个突出的优点就是适用于多种操作系统，如 DOS、UNIX，也适用于多种机型。

3.1.2　vi 编辑器

　　Linux 常用的编辑工具有 nano、vi、vim。vim 是 vi 的增强版，但 vi 编辑器更好用。直观来讲，vi 编辑器可以凸显不同语句的字体的颜色，方便阅读和编程，vi 可以说是最强大的文本编辑工具之一。

（1）vi 的 3 种模式

vi 编辑器有三种模式，具体如下。

- Command 模式：刚进入 vi 编辑器时就是这种状态。
- Insert 模式：进入 vi 编辑器后，按〈i〉或〈a〉或〈o〉三个键中的任何一个就可以进入 Insert 模式修改文件内容，按〈Esc〉键可回到 Command 模式。
- Last line 模式：在 Command 模式下可按〈:〉键进入 Last line 模式，只有在 Last line 模式下才能输入 vi 的相关命令。

（2）常用的 vi 命令

经常使用的命令如下。

w filename：存入指定档案，filename 为文档的名称。

wq：w 是 write 写入，q 是 quit 退出；此命令的作用是写入并退出 vi 编辑器。

q!：离开并放弃编辑的文件，即不保存正在编辑的文件，直接退出。

3.1.3　C 语言源代码的编写

在 Linux 系统中，将 C 语言源文件编译成可执行的二进制指令文件是由 gcc 编译器完成的，gcc 是 GUN 组织开发的 C 语言编译器。

gcc 编译器的功能是将 C、C++等源代码编译成目标文件，再经过链接器（Linker）链接指定的目标文件及相关的函数库，最后产生可执行的二进制程序。如图 3-1 所示为 gcc 编译器的编译流程。

图 3-1　gcc 编译器的编译流程

1）在"/home/pi/lesson/chapt3"目录下新建一个".c"格式的 C 语言源文件，例如 hello.c。

```
pi@ raspberrypi:~ $ cd /home/pi/lesson/chapt3/
pi@ raspberrypi:~/lesson/chapt3 $ vi    hello.c
```

hello.c 的内容如下。

```
#include<stdio.h>              //包含头文件 stdio.h
int main( )                    //( )表示函数有返回值
{
    printf("Hello World! \n");  //在终端输出一句 Hello World!,\n 表示换行
    return 0;                   //用来返回函数运算的结果
}
```

2）使用 gcc 编译器将 hello.c 编译成可执行程序 hello。

-o 选项用来指定输出文件，编译完成后会生成一个名为 hello 的可执行二进制程序。

```
pi@ raspberrypi：~/lesson/chapt3 $ gcc    hello. c -o hello
pi@ raspberrypi：~/lesson/chapt3 $ ls -l
总用量 12
-rwxr-xr-x   1 pi   pi   7980 7 月   14 16:53   hello
-rw-r--r--   1 root root   60   7 月   14 16:43   hello. c
```

3）执行可执行程序 hello，输出相应结果。

执行 hello 程序，会输出"Hello World!"，其中，"./"是表示当前目录，"./hello"就是运行当前目录下的可执行程序 hello。

```
pi@ raspberrypi：~ $./hello
Hello World!
```

3.1.4　C 语言基础语法

C 语言中的基本语法包括判断语句、循环语句等，本节将对这些概念进行讲解。

1. 程序的概念

程序是指将计算机做的工作写成一定形式的指令，并把它存储在计算机的存储器中。

2. 算法与流程图

（1）算法概念

算法是指解决问题所使用的一系列合乎逻辑的解题思路和步骤。

（2）流程图概念

流程图是用一种图解的方式说明解决问题所需要的一系列操作。

（3）流程图

流程图符号表示如图 3-2 所示。

【例 3-1】 由键盘输入两个数，求这两个数之和，并输出结果，用流程图符号画出其流程图。

分析：程序的流程图如图 3-3 所示。

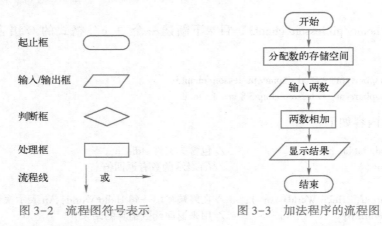

图 3-2　流程图符号表示　　　　图 3-3　加法程序的流程图

在树莓派 4B 平台上的"/home/pi/lesson/chapt3"目录下编写源代码 test. c（本书所有的代码都存放在"/home/pi/lesson/"目录下，"chapt3"表示第 3 章）。调用 gcc 编译器编译 test. c 源代码，生成 test 可执行二进制程序，输入第一个值后要按〈Enter〉键才会出现

"请输入 b 的值:" 的提示,然后输入第二个值后再按〈Enter〉键得到结果。如图 3-4a 所示显示的是 test. c 的源代码,图 3-4b 是编译与执行结果。

```
#include <stdio.h>
int main(void)
{
inta,b,c;
printf("请输入a的值:\n");
scanf("%d",&a);
printf("请输入b的值:\n");
scanf("%d",&b);
c=a+b;
printf("输入的两个数 a 与b 的和为 %d !\n",c);
}
```
a)

```
pi@raspberrypi:~/lesson/chapt3 $ vi test.c
pi@raspberrypi:~/lesson/chapt3 $ gcc test.c -o test
pi@raspberrypi:~/lesson/chapt3 $ ./test
请输入a的值:
1
请输入b的值:
2
输入的两个数 a 与b 的和为 3 !
pi@raspberrypi:~/lesson/chapt3 $
```
b)

图 3-4 test. c 编译与执行
a) test. c 源代码 b) 编译与执行结果

3. 结构化程序设计的 3 种结构

程序的执行有 3 种形式:顺序结构、选择结构(分支结构)和当型(while 型)循环结构,如图 3-5 所示。

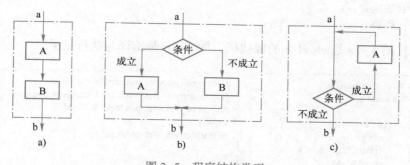

图 3-5 程序结构类型
a) 顺序结构 b) 选择结构 c) 当型(while 型)循环结构

4. 基本语法
(1) 判断语句
1) 判断语句 if。

关键字 if 用于判断某个条件语句是否满足一定条件,如果满足条件,则会执行 if 后缩进的代码块,否则就忽略该代码块继续执行后续的代码。

语法:

    if(表达式)
        代码块

if:判断表达式内容,如果为 true(真),就执行语句。

【例 3-2】图 3-6a 是 if. c 的源代码,图 3-6b 是编译与执行结果。

2) 判断语句 else if。

else if 关键字用于在 if 语句条件不满足的情况下,继续执行 else if 里面的逻辑判断。

```
#include <stdio.h>
int main()
{
    int a=2,b=2;
    if(a == b )
    {
        printf("a等于b!\n");
    }
    return 0;
}
```
a)

```
pi@raspberrypi:~/lesson/chapt3 $ vi if.c
pi@raspberrypi:~/lesson/chapt3 $ gcc if.c -o if
pi@raspberrypi:~/lesson/chapt3 $ ./if
a等于b!
pi@raspberrypi:~/lesson/chapt3 $
```
b)

图 3-6　if 判断语句执行结果

else if 语句只能写在 if 语句的同级代码的后面，且 else if 语句可以写任意多个。

语法：

```
if(表达式)
    代码块
else if(表达式 1)
    代码块 1
…
else if(表达式 m)
    代码块 m
```

【例 3-3】图 3-7a 是 elseif.c 的源代码，图 3-7b 是编译与执行结果。

```
#include <stdio.h>
int main( )
{
    int a=1,b=2;
    if(a == b)
    {printf("a等于b!\n");}
    else if(a!=b)
    { printf("a不等于b!\n");}
    return 0;
}
```
a)

```
pi@raspberrypi:~/lesson/chapt3 $ vi elseif.c
pi@raspberrypi:~/lesson/chapt3 $ gcc elseif.c  -o elseif
pi@raspberrypi:~/lesson/chapt3 $ ./elseif
a不等于b!
pi@raspberrypi:~/lesson/chapt3 $
```
b)

图 3-7　else if 判断语句执行结果

（2）循环语句

1）for 循环。

for 循环是 C 语言中的一种循环语句，而循环语句由循环体及循环的终止条件两部分组成。

语法：

```
for(循环变量赋初值;循环条件;循环变量增值)
{
循环体;
}
```

【例 3-4】图 3-8a 是 for. c 循环语句的源代码，图 3-8b 是编译与执行结果。

```
#include <stdio.h>
int main( )
{
int i;
for( i=1; i<4; i++ )
{ printf("%d\n", i );}
return 0;
}
```
a)

```
pi@raspberrypi:~/lesson/chapt3 $ vi for.c
pi@raspberrypi:~/lesson/chapt3 $ gcc for.c -o for
pi@raspberrypi:~/lesson/chapt3 $ ./for
1
2
3
pi@raspberrypi:~/lesson/chapt3 $
```
b)

图 3-8　for 循环语句执行结果

2）while 循环。

语法：

```
while(循环条件)
{
循环体；
}
```

【例 3-5】图 3-9a 显示的是 while. c 循环语句的源代码，图 3-9b 是编译与执行结果。

```
#include <stdio.h>
int main( )
{int i=0;
while(i<3)
{ i+=1; printf("%d\n", i );}
return 0;
}
```
a)

```
pi@raspberrypi:~/lesson/chapt3 $ vi while.c
pi@raspberrypi:~/lesson/chapt3 $ gcc while.c  -o while
pi@raspberrypi:~/lesson/chapt3 $ ./while
1
2
3
pi@raspberrypi:~/lesson/chapt3 $
```
b)

图 3-9　while 循环语句执行结果

3.2　Make 与 Makefile 文件

在嵌入式系统的程序开发中，通常一个较大的程序都会使用到不同的小程序或函数，所以在编译时就要将这些不同的程序编译，产生不同的目标文件，然后再执行链接的动作，最后才能生成可执行的二进制程序。例如有一主程序为 main. c，需要使用到 A. c 和 B. c 两个程序，要先执行 3 条编译命令分别产生 3 个目标文件。

gcc　-c　main. c（生成 main. o 目标文件）

gcc　-c　A. c（生成 A. o 目标文件）

gcc　-c　B. c（生成 B. o 目标文件）

gcc　main. o　A. o　B. o　-o　main

最后根据 main. o、A. o、B. o 这 3 个目标文件，才能生成可执行二进制程序 main。编译过程如图 3-10 所示。

但是当在执行编译时，发现程序执行的结果是由于 A. c 程序源代码有错误，此时就要修改 A. c 程序代码后再执行编译过程，由于 main. c 及 B. c 程序并没有错误，且在第一次执行编译时已经有目标文件 main. o 和 B. o 了。为了提高编译效率，GNU gcc 提供了自动化编

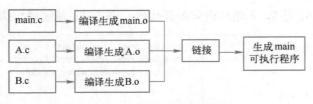

图 3-10　多个文件的编译过程

译工具 Make，其功能就是在执行编译时只针对修改的部分进行编译，没修改的程序部分不进行编译，编译过程如图 3-11 所示，这对大型嵌入式系统应用开发特别重要。

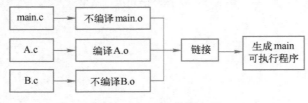

图 3-11　Make 编译工具

3.2.1　Make 编译工具

在 Linux 系统中，Make 编译工具只针对修改过的源代码程序进行重新编译的工作，未修改的程序则跳过编译的动作，最后再进行链接的动作以生成新的可执行二进制程序。

Make 编译工具的优点如下。

1）对庞大及复杂的 C 语言源代码文件进行有效的维护。

2）减少程序编译的次数。

3）使源代码的编译、链接、管理更加有效。

4）具有编译自动化的功能，将编译（Compile）、链接（Link）、产生可执行二进制程序的整个过程自动化完成。

3.2.2　Makefile 文件的编写

首先编辑一个名为 Makefile 的文件。Makefile 文件主要描述了各个文件间的依赖关系和更新命令，其具体内容如下。

- 程序中各个文件的依赖关系。
- 更新各个文件的命令。

编辑好 Makefile 文件后，每次更新程序源代码，只要输入 make 命令就可以进行编译了。

3.2.3　Makefile 练习示例

如果有一个主程序（main.c）可输入两个整数 a 及 b，其中，主程序会执行一个求两数之和的函数 add() 后输出其和，再执行一个求两数之差的函数 sub() 后输出其差。add() 和 sub() 这两个函数分别定义在 add.c 和 sub.c 文件中，这两个函数的声明定义在 main.h 头文件中，其程序源代码分别如下。

1. 程序代码

1）主程序 main.c 源代码如下所示。

```
/ * main. c * /
#include <stdio. h>
#include <stdlib. h>
#include "main. h"
int main( )
{
    int a,b,c,d;
    printf("请输入两个整数:\n ");
    scanf("%d %d",&a,&b);
    c=add(a,b);
    printf("此两个整数的和为 %d\n",c);
    d=sub(a,b);
    printf("此两个整数的差为 %d\n",d);
    return 0;
}
```

2) 头文件 main. h 中包含求两个整数的和、差的原型声明，其程序源代码如下所示

```
/ * main. h * /
int add(int,int);
int sub(int,int);
```

3) 求两个整数之和的函数 add( ) 定义在 add. c 程序中，其程序源代码如下所示。

```
/ * add. c * /
int add(int a,int b)
{
    int s;
    s=a+b;
    return (s);
}
```

4) 求两个整数之差的函数 sub( ) 定义在 sub. c 程序中，其程序源代码如下所示。

```
/ * sub. c * /
int sub(int c,int d)
{
    int dif;
    dif=c-d;
    return (dif);
}
```

这个程序由 3 个不同的源文件及一个 main. h 头文件组成，其编译过程如图 3-12 所示。

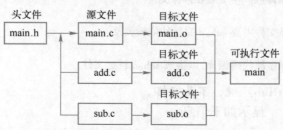

图 3-12　3 个源文件和一个头文件的编译过程

2. 手动编译文件

手动编译并运行最后生成的可执行二进制程序 main 的步骤如下。

```
pi@ raspberrypi:~/lesson/chapt3 $    gcc -c main.c
pi@ raspberrypi:~/lesson/chapt3 $    gcc -c add.c
pi@ raspberrypi:~/lesson/chapt3 $    gcc -c sub.c
pi@ raspberrypi:~/lesson/chapt3 $    gcc   main.o add.o sub.o   -o main
pi@ raspberrypi:~/lesson/chapt3 $    ls -l
总用量 36
-rw-r--r-- 1 pi pi     70 8 月   17 15:41    add.c
-rw-r--r-- 1 pi pi    852 8 月   17 15:43    add.o
-rw-r--r-- 1 pi pi    291 8 月   17 15:39    main.c
-rw-r--r-- 1 pi pi     48 8 月   17 15:40    main.h
-rw-r--r-- 1 pi pi   1356 8 月   17 15:43    main.o
-rw-r--r-- 1 pi pi     76 8 月   17 15:41    sub.c
-rw-r--r-- 1 pi pi    852 8 月   17 15:43    sub.o
pi@ raspberrypi:~/lesson/chapt3 $./main
请输入两个整数:
34
21
此两个整数的和为 55
此两个整数的差为 13
```

在看到请输入两个整数提示后，先输入第一个数字，按〈Enter〉键后才可输入第二个数字，最后再按〈Enter〉键，即可看到输出结果。

3. 通过 Make 编译工具自动完成编译过程

1）编辑 Makefile 文件，其内容如下。

```
main:main.o add.o sub.o
#表示 main 可执行二进制程序需要 main.o、add.o 及 sub.o 这 3 个目标文件
    gcc main.o add.o sub.o   -o main
#表示 gcc 要链接 main.o、add.o 及 sub.o 这 3 个目标文件,才能生成 main 可执行二进制程序
main.o:main.c main.h
#表示 main.o 目标文件需要 main.c 主程序与 main.h 头文件
    gcc -c main.c
#表示执行对 main.c 程序文件的编译以产生 main.o 目标文件
add.o: add.c
#表示 add.o 目标文件需要 add.c 文件的依赖关系
    gcc -c add.c
#表示对 add.c 编译以产生 add.o 目标文件
sub.o: sub.c
#表示 sub.o 目标文件需要 sub.c 文件的依赖关系
    gcc -c sub.c
#表示对 sub.c 程序源代码编译,以生成 sub.o 目标文件
```

注意：gcc 前面为〈Tab〉键，不是空格。

2）执行 make 命令，显示如下信息。

```
pi@ raspberrypi:~/lesson/chapt3 $ ls -al
```

```
总用量 108
drwxr-xr-x    2    pi     pi      4096   8 月   17 15:51   .
drwxr-xr-x   11    root   root    4096   8 月   17 14:01   ..
-rw-r--r--    1    pi     pi        70   8 月   17 15:41   add. c
-rw-r--r--    1    pi     pi       852   8 月   17 15:43   add. o
-rwxr-xr-x    1    pi     pi      8144   8 月   17 15:43   main
-rw-r--r--    1    pi     pi       291   8 月   17 15:39   main. c
-rw-r--r--    1    pi     pi        48   8 月   17 15:40   main. h
-rw-r--r--    1    pi     pi      1356   8 月   17 15:43   main. o
-rw-r--r--    1    pi     pi       154   8 月   17 15:51   Makefile
-rw-r--r--    1    pi     pi        76   8 月   17 15:41   sub. c
-rw-r--r--    1    pi     pi       852   8 月   17 15:43   sub. o

pi@ raspberrypi: ~/lesson/chapt3 $ make
gcc -c main. c
gcc -c add. c
gcc -c sub. c
gcc -o main main. o add. o sub. o
```

3）执行可执行二进制程序 main。

```
pi@ raspberrypi: ~/lesson/chapt3 $ ./main
请输入两个整数：
39
13
此两个整数的和为 52
此两个整数的差为 26
```

注意：看到"请输入两个整数"提示后，每次输入一个数字都要按〈Enter〉键，最后才会出现结果。

在第 6 章介绍的视频入侵报警系统程序 motion 的编译，就是通过自动化编译工具 Make 将多个 C 语言源程序自动编译成可执行程序 motion。Make 编译工具免去了编程者手动输入多条编译命令的烦恼。

3.3 WiringPi C 语言函数库控制树莓派 GPIO

WiringPi 是用 C 语言编写的树莓派函数库，用于控制树莓派上的 GPIO 引脚、SPI 通信、I^2C 通信及串口通信等功能，WiringPi 的官方网站上有一些 WiringPi 资源，包括下载安装方法、功能参考手册及一些 GPIO 官方实用程序。

3.3.1 树莓派 GPIO 引脚编号

树莓派 4B 有 40 个 GPIO 引脚。使用 gpio readall 命令，可查看树莓派的 GPIO 引脚信息。首先进入第 3 章的"/home/pi/lesson/chapt3"目录下。

```
pi@ raspberrypi: ~$ cd   /home/pi/lesson/chapt3
```

使用 gpio readall 命令可以查看树莓派的 GPIO 引脚信息。

```
pi@ raspberrypi: ~/lesson/chapt3 $ gpio readall
```

```
+-----+-----+---------+------+---+--Pi 4B--+---+------+---------+-----+-----+
| BCM | wPi |  Name   | Mode | V | Physical| V | Mode |  Name   | wPi | BCM |
+-----+-----+---------+------+---+----++---+---+------+---------+-----+-----+
|     |     |  3.3v   |      |   |  1 ||  2 |   |      |  5v     |     |     |
|  2  |  8  | SDA.1   | ALT0 | 1 |  3 ||  4 |   |      |  5v     |     |     |
|  3  |  9  | SCL.1   | ALT0 | 1 |  5 ||  6 |   |      |  0v     |     |     |
|  4  |  7  | GPIO. 7 |  IN  | 0 |  7 ||  8 | 1 | ALT5 |  TxD    | 15  | 14  |
|     |     |   0v    |      |   |  9 || 10 | 1 | ALT5 |  RxD    | 16  | 15  |
| 17  |  0  | GPIO. 0 |  IN  | 0 | 11 || 12 | 0 |  IN  | GPIO. 1 |  1  | 18  |
| 27  |  2  | GPIO. 2 |  IN  | 0 | 13 || 14 |   |      |  0v     |     |     |
| 22  |  3  | GPIO. 3 |  IN  | 0 | 15 || 16 | 0 |  IN  | GPIO. 4 |  4  | 23  |
|     |     |  3.3v   |      |   | 17 || 18 | 0 |  IN  | GPIO. 5 |  5  | 24  |
| 10  | 12  | MOSI    | ALT0 | 0 | 19 || 20 |   |      |  0v     |     |     |
|  9  | 13  | MISO    | ALT0 | 0 | 21 || 22 | 0 |  IN  | GPIO. 6 |  6  | 25  |
| 11  | 14  | SCLK    | ALT0 | 0 | 23 || 24 | 1 | OUT  | CE0     | 10  |  8  |
|     |     |   0v    |      |   | 25 || 26 | 1 | OUT  | CE1     | 11  |  7  |
|  0  | 30  | SDA.0   |  IN  | 1 | 27 || 28 | 1 |  IN  | SCL.0   | 31  |  1  |
|  5  | 21  | GPIO.21 |  IN  | 1 | 29 || 30 |   |      |  0v     |     |     |
|  6  | 22  | GPIO.22 |  IN  | 1 | 31 || 32 | 0 |  IN  | GPIO.26 | 26  | 12  |
| 13  | 23  | GPIO.23 |  IN  | 0 | 33 || 34 |   |      |  0v     |     |     |
| 19  | 24  | GPIO.24 |  IN  | 0 | 35 || 36 | 0 |  IN  | GPIO.27 | 27  | 16  |
| 26  | 25  | GPIO.25 |  IN  | 0 | 37 || 38 | 0 |  IN  | GPIO.28 | 28  | 20  |
|     |     |   0v    |      |   | 39 || 40 | 0 |  IN  | GPIO.29 | 29  | 21  |
+-----+-----+---------+------+---+----++---+---+------+---------+-----+-----+
| BCM | wPi |  Name   | Mode | V | Physical| V | Mode |  Name   | wPi | BCM |
+-----+-----+---------+------+---+--Pi 4B--+---+------+---------+-----+-----+
```

第 1~6 列 BCM、wPi、Name、Mode、V、Physical，分别是 BCM 引脚编码模式、WiringPi 引脚编码模式、名称、引脚功能（IN 是输入；ALT 的全称是 alternate，是引脚复用的意思）、引脚的值、物理引脚编号。第 7~12 列则是另一侧的引脚说明，与第 1~6 列的意义相同。

以下是树莓派 4B 对应的实物图及对应的引脚，如图 3-13 所示，引脚编码模式有 BCM、WiringPi、BOARD 等。用 WiringPi C 语言函数库编程就要使用 WiringPi 引脚编号。在使用 Python 语言控制 GPIO 接口时，使用 BCM 引脚编号或 BOARD 引脚编号，使用方法见第 4 章。

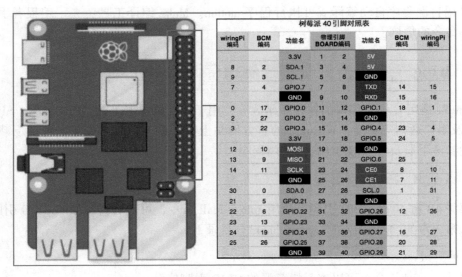

图 3-13　树莓派 4B 实物图及对应的引脚

3.3.2 WiringPi 库的安装

WiringPi 库的安装步骤如下。

1）使用以下命令进行 WiringPi 库安装：先将 WiringPi 库安装包 WiringPi-2. 52. deb 通过 WinSCP 工具上传到树莓派的 "/home/pi/lesson/chapt3" 目录下。

```
pi@ raspberrypi：~ /lesson/chapt3 $ sudo dpkg -i WiringPi-2. 52. deb
//安装 WiringPi
```

2）安装完成后，可以使用以下命令检测是否安装成功。

```
pi@ raspberrypi：~/lesson/chapt3 $ gpio   -v
gpio version：2. 52
Copyright（c）2012-2018 Gordon Henderson
This is free software with ABSOLUTELY NO WARRANTY.
For details type：gpio -warranty
Raspberry Pi Details：
   Type：Pi 4B，Revision：02，Memory：4096MB，Maker：Sony
   * Device tree is enabled.
   * --> Raspberry Pi 4 Model B Rev 1. 2
   * This Raspberry Pi supports user-level GPIO access.
pi@ raspberrypi：~/lesson/chapt3 $
```
//如果系统中安装了 WiringPi，该命令可以显示出其版本号、当前树莓派的一些信息

3.3.3 WiringPi 库的使用

1. 使用前的准备

在使用 WiringPi GPIO 库之前，需要在程序中包含其头文件。

```
#include <wiringPi. h>
```

在编译时还需要添加编译参数-lwiringPi。

2. 使用示例

这里选择制作一个简单的闪烁 LED 示例，这是最简单的程序。首先请确保 I/O 口都没有被使用，使用 WiringPi 的 0 号引脚去控制一个 LED，具体操作如下。

1）接线。由图 3-13 所示的树莓派 4B 的 GPIO 引脚对应图可知，WiringPi 的 0 号引脚对应树莓派实物板子上的第 11 号物理引脚。

硬件接线如图 3-14 所示，将 LED 的正极连接到树莓派 WiringPi 编号系统的 0 号引脚，将 LED 的负极连接到树莓派的 GND 上，即树莓派开发板上的 9 号物理编号引脚。

2）硬件部分接线完成后，在树莓派 "/home/pi/lesson/chapt3" 目录下新建一个 ". c" 格式文件。例如 blink. c，将以下内容保存在 blink. c 文件中。

```
#include <wiringPi. h>                    //导入 WiringPi 库的头文件
int main（void）
{
    int i;
    wiringPiSetup（）；                     //初始化 WiringPi 库
```

```
    pinMode(0, OUTPUT);              //设置引脚的模式,Pin 为 WiringPi 引脚
                                     //使用的是 WiringPi 对应的 0 号引脚
                                     //OUTPUT 参数表示设置的模式为输出
    for (i=0;i<10;i++)               //循环函数,可以让 LED 循环闪烁 10 次
    {
        digitalWrite(0, HIGH);       //设置引脚的输出电压为高电平
        delay(500);                  //延时函数,表示延时 500 ms,就是高电平保持 500 ms
        digitalWrite(0, LOW);        //设置引脚的输出电压为低电平
        delay(500);                  //延时函数,表示延时 500 ms,就是低电平保持 500 ms
    }
    return 0;
}
```

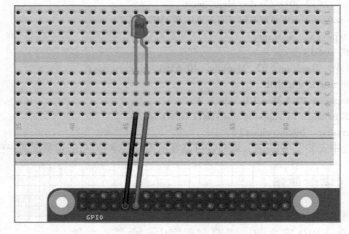

图 3-14　树莓派与 LED 硬件接线图

3）编译并运行。

```
pi@ raspberrypi:~ /lesson/chapt3 $   gcc -wall blink.c -lwiringPi -o blink
//解释:-lwiringP 说明编译时要链接 WiringPi 库

pi@ raspberrypi:~ /lesson/chapt3 $   ./blink
```

一切顺利的话，可以看到 LED 闪烁 10 次，到此这个示例就完成了。

3.4　本章小结

　　本章学习了 C 语言开发基础，了解 C 语言的发展以及 C 语言编程的基础语法。接下来介绍了 Linux 中常用的编辑器——vi，并且介绍了 vi 编辑器的基本使用流程。介绍了 gcc 编译器的使用，并结合具体实例进行讲解，还介绍了 Make 编译工具的使用，包括 Makefile 文件的编写、Makefile 文件的语法，以及通过 Makefile 示例进行讲解。最后介绍使用 WiringPi 库编写 C 语言程序控制树莓派的 GPIO 接口。

3.5 习题

一、选择题

1. 在 C 程序中, 若对函数类型未加说明, 则函数的隐含类型为 ( )。

    A. int   B. double   C. void   D. char

2. 执行以下程序段后, 输出结果和 a 的值是 ( )。

```
int a=10;
printf("%d",a++);
```

    A. 11 和 10   B. 11 和 11   C. 10 和 11   D. 10 和 10

3. int a[10];合法的数组元素的最小下标值为 ( )。

    A. 1   B. 0   C. 10   D. 9

二、简答题

简述 Makeflie 文件的作用。

三、操作题

1. 使用 WiringPi 库编写 C 语言程序控制树莓派 WiringPi 的 1 号引脚, 驱动 LED 灯亮 1s, 暗 1s。

2. 使用 vi 编辑器修改书中 3.2.3 节的主程序 main. c, 将变量 b 修改为常量 20。

第 4 章　树莓派硬件接口与 Python 控制

嵌入式技术是软硬件结合的技术，因此，学习嵌入式需要了解一些基本的硬件接口知识，包括电子元器件基础、电子学常识、树莓派硬件接口与电气要求等内容。本章学习树莓派通用输入/输出（GPIO）接口的配置和使用方法，编写 Python 程序来控制 GPIO 接口。

4.1　电子元器件基础

4.1.1　电压和电流

1. 电压

在电路中，电压用 U 表示，单位是伏（V）、毫伏（mV）、微伏（μV），$1\,V = 1000\,mV$，$1\,mV = 1000\,μV$。大小和方向不随时间变化的电压叫作直流电压，大小和方向随时间变化的电压叫作交流电压。

电压可以用电压表测量。测量的时候，把电压表并联在电路上，如果电路上的电压大小估计不出来，要先用大的量程，粗略测量后再选用合适的量程，这样可以防止由于电压过大而损坏电压表。

2. 电流

电荷的定向移动叫作电流，电流常用 I 表示。电流分直流和交流两种，大小和方向不随时间变化的电流叫作直流电流，大小和方向随时间变化的电流叫作交流电流。电流的单位是安（A），也常用毫安（mA）或者微安（μA）做单位，$1\,A = 1000\,mA$，$1\,mA = 1000\,μA$。

电流可以用电流表测量。测量的时候，把电流表串联在电路中，先用大量程，粗略测量后再选用合适的量程，这样可以防止电流过大而损坏电流表。

4.1.2　电阻

各种材料对所通过的电流呈现一定的阻力，电阻用 R 表示，单位为欧姆（Ω）、千欧（kΩ）、兆欧（MΩ）。

电阻的主要特性参数如下。
- 标称阻值：电阻器上面所标示的阻值。
- 允许偏差：标称阻值与实际阻值的差值与标称阻值之比的百分数。允许偏差与精度等级对应关系为：±5%（Ⅰ级）、±10%（Ⅱ级）、±20%（Ⅲ级）等。
- 额定功率：在正常的环境温度下，电阻器长期工作所能承受最大功率。
- 最高工作电压：允许的最大连续工作电压。
- 温度系数：温度每变化1℃所引起的电阻值的相对变化。温度系数越小，电阻的稳定性越好。阻值随温度升高而增大的为正温度系数，反之为负温度系数。

4.1.3　电容

电容是电子设备中大量使用的电子元件之一，广泛应用于隔直电路、耦合电路、旁路、滤波电路、调谐回路、能量转换、控制电路等方面。电容用 C 表示，电容单位有法拉（F）、微法（μF）、皮法（pF），$1\,F = 10^{6}\,μF = 10^{12}\,pF$。电容器主要特性参数如下。

1. 标称容量和允许偏差

标称容量是标示在电容器上的电容量。

允许偏差：电容器标称容量和实际容量的差值与标称容量之比的百分数。允许偏差与精度等级对应关系为±5%（Ⅰ级）、±10%（Ⅱ级）、±20%（Ⅲ级）。一般电容器常用Ⅰ、Ⅱ、Ⅲ级，电解电容器常用Ⅳ、Ⅴ、Ⅵ级，可根据用途选取合适的电容种类。

2. 额定电压

电容器在规定的温度范围内，能够正常工作时所能承受的最高电压。额定电压一般直接标注在电容器外壳上，如果工作电压超过电容器的额定电压，则电容器易被击穿，造成不可修复的永久损坏。

3. 绝缘电阻

将直流电压加在电容上，并产生漏电电流，两者之比称为绝缘电阻。当电容较小时，电容的绝缘电阻主要取决于电容的表面状态；当容量>0.1 μF 时，电容的绝缘电阻主要取决于介质的性能。绝缘电阻越大越好。

4.1.4　电感

电感线圈是由导线一圈一圈地绕在绝缘管上，导线彼此互相绝缘，而绝缘管可以是空心的，也可以包含铁心或磁粉心，简称电感，用 L 表示，单位有亨利（H）、毫亨利（mH）、微亨利（μH），$1\,H = 1000\,mH = 1\,000\,000\,μH$，电感常用于电源部分。

- 电感量 L。电感量 L 表示电感元件自感应能力的一种物理量。
- 品质因数 Q。品质因数 Q 表示电感线圈质量的一个物理量。线圈的 Q 值越高，电路的损耗越小。线圈的 Q 值与导线的直流电阻、骨架的介质损耗、屏蔽罩或铁心引起的损耗、高频趋肤效应的影响等因素有关。

4.1.5　二极管

二极管是一种具有单向传导电流的电子器件，外加电压时，具备单向导电性。如果正向电压没有达到一定的值，二极管中是没有电流的。硅二极管所需外加电压为 0.7~0.8 V，肖特基二极管所需外加电压为 0.2 V，发光二极管（LED）所需外加电压为 2~5 V 以上，才能让电流正向流动。在反向上外加一定电压时，也可突然产生电流，这种现象称为击穿，击穿电压几乎不受电流影响。

4.1.6　晶体振荡器

晶体振荡器（简称晶振）的作用是产生时钟频率，这个频率经过频率发生器的放大或缩小后就成了各种总线频率。以声卡为例，要实现对模拟信号 44.1 kHz 或 48 kHz 的采样，频率发生器就必须提供一个 44.1 kHz 或 48 kHz 的时钟频率。如果需要对这两种音频同时支持的话，声卡就需要有两颗晶振。

晶振是一种机电器件，是由电损耗很小的石英晶体经精密切割磨削并镀上电极焊上引线做成的。这种晶体有一个很重要的特性，如果给它通电，它就会产生机械振荡，反之，如果给它机械力，它又会产生电，这种特性叫机电效应。它们有一个很重要的特点，其振荡频率与它们的形状、材料、切割方向等密切相关。由于石英晶体化学性能非常稳定，振荡频率也非常稳定，因此，其谐振频率也很准确。

4.2　电子学基础常识

4.2.1　模拟信号和数字信号

1. 模拟信号

模拟信号是用连续变化的物理量表示的信息，模拟信号分布于自然界的各个角落，如每天温度的变化。其信号的幅度、频率、相位随时间连续变化，对模拟信号的处理技术主要包括模拟量的放大、信号滤波、电流电压的转换、V/F 转换、A/D 转换等。

2. 数字信号

数字信号指幅度的取值是离散的，幅值只能是 0 或者 1；数字信号抗干扰能力强，无噪声积累；便于加密处理；便于存储、处理和交换，所以得到了广泛的应用。

3. 模/数采样

模拟信号的数字化需要 3 个步骤：抽样、量化和编码。抽样是指用每隔一定的时间对模拟信号采样。量化是用有限个幅度值近似原来连续变化的幅度值，把模拟信号的连续幅度变为有限数量的有一定间隔的离散值。编码则是按照一定的规律，把量化后的值用二进制数字表示，然后转换成数字信号流。

4.2.2　I/O 接口电气特征

1. TTL 电平

TTL 输出高电平>2.4 V，输出低电平<0.4 V。在室温下，一般输出高电平是 3.5 V，输出低电平是 0.2 V。输入高电平≥2.0 V，输入低电平≤0.8 V。

2. CMOS 电平

CMOS 逻辑高电压接近于电源电压，逻辑低电平接近于 0 V。

3. 电平转换电路

因为 TTL 和 COMS 的高低电平的值不一样，所以互相连接时需要电平的转换。

4. TTL 电路和 COMS 电路比较

- TTL 电路是电流控制器件，而 COMS 电路是电压控制器件。
- TTL 电路的速度快，传输延迟时间短（5~10 ns），但是功耗大。COMS 电路的速度慢，传输延迟时间长（25~50 ns），但功耗低。
- COMS 电路本身的功耗与输入信号的脉冲频率有关，频率越高，芯片越热。

5. COMS 电路的使用注意事项

- COMS 电路是电压控制器件，它的输入阻抗很大，对干扰信号的捕提能力很强。所以不用的引脚不要悬空，要接上拉电阻或者下拉电阻，给它一个恒定的电平。
- 当接长信号传输线时，在 COMS 电路端应接匹配电阻。
- COMS 的输入电流超过 1 mA，就有可能烧坏 COMS。

4.2.3　逻辑门

1. 逻辑门

逻辑门（Logic Gate）是集成电路（Integrated Circuit）上的基本组件。简单的逻辑门可由晶体管组成。这些晶体管的组合可以使得两种信号的高低电平在通过逻辑门之后得到不同的逻辑结果。实现逻辑运算的逻辑门包括"或""与""非""或非""与非"等基本逻辑运算门电路，任何复杂的逻辑电路都可由这些基本逻辑门组成。

2. 真值表

符号 0 和 1 分别表示低电平和高电平，将输入变量可能的取值组合状态及其对应的输出状态列成的表格就是真值表。表 4-1 是与门真值表。

3. 三态与非门

三态与非门受第三方 EN 控制，其逻辑符号如图 4-1 所示，当 EN = 0 时，输出 Y 为高阻状态。

表 4-1　与门真值表

A	B	Y
0	0	0
0	1	0
1	0	0
1	1	1

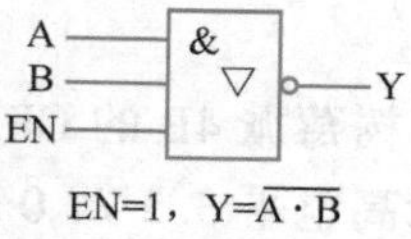

$EN=1, Y=\overline{A \cdot B}$

图 4-1　三态与非门

4.2.4　功率

每个用电器都有一个正常工作的电压值，叫额定电压。用电器在额定电压下正常工作的功率叫作额定功率。用电器在实际电压下工作的功率叫作实际功率。

功率所表示的物理意义是电路元器件或设备在单位时间内吸收或发出的电能。两端电压为 U、通过电流为 I 的任意二端元器件的功率大小为 $P = UI$，功率的国际单位为瓦特，简称瓦，符号是 W，常用的单位还有毫瓦（mW）、千瓦（kW），它们与 W 的换算关系是：1 W = 1000 mW；1 kW = 1000 W。一个电路最终的目的是将一定的功率传送给负载，负载将电能转换成一定形式的能量。

4.3　树莓派硬件

4.3.1　树莓派引脚与电气要求

树莓派 4B 提供了 40 个引脚。其中白色圆形的 GPIO 引脚有 28 个，其余的是供电引脚和接地引脚，2 个黑色的方框引脚（第 2、4）提供 5 V 的输出电压，2 个白色方框第（1，17）

引脚提供 3.3 V 电压，而 8 个黑色圆形引脚（第 6、9、14、20、25、30、34、39）作为接地引脚。每个 GPIO 引脚都可以用作输入或输出，所有输入/输出引脚最大电压为 3.3 V。每个 GPIO 引脚都有编号，引脚编号详情请看 4.5.1 节，GPIO 各引脚如图 4-2 所示。

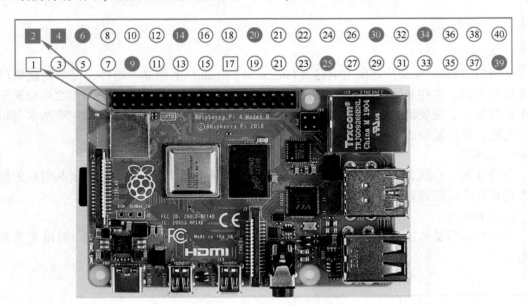

图 4-2　树莓派 4B GPIO 引脚

树莓派 4B 的 GPIO 引脚是数字型的，只有 0 和 1，1 表示高电平 3.3 V，0 表示低电平 0 V。5 V 的外围设备必须经过电平转换器将 5 V 电平转换成 3.3 V 电平之后才能与树莓派的 GPIO 引脚连接，如图 4-3 所示。

这个电路是通过 D1 的 3.3 V 齐纳稳压二极管钳位作用来实现 5 V 到 3.3 V 电平转换的。当输入 5 V 高电平时，经电阻 R1 和 3.3 V 齐纳稳压二极管 D1，输出为 3.3 V 的高电平。当输入改为低电平 0 V 时，二极管 D1 不会钳位，输出也是低电平。

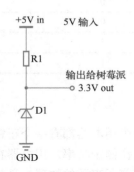

图 4-3　5 V 电平转换成 3.3 V 电平

4.3.2　GPIO 的上拉和下拉电阻

因为树莓派 4B 的 GPIO 驱动负载能力弱，常常导致输出引脚上高低电平不稳定的现象。此时就需要一个逻辑电压转换器，将 GPIO 的输出电压转为一个稳定的电压。这些措施都有助于隔离负载对树莓派 GPIO 输出电压的影响，保持输出电压稳定。

1. 输出电压转换器———上拉电阻 Rpu 的使用

如图 4-4a 所示，利用 NPN 晶体管做电子开关（SW），基极上串接的电阻 R1 作为晶体管的限流电阻，R2 则作为确保在 IO 输出断路时，此晶体管处于不导通（OFF）状态。由于树莓派 GPIO 引脚输出为正常两态输出（0 或 1），没有浮接悬空，因为可以简化为图 4-4b 所示，省去基极的 R2 电阻。

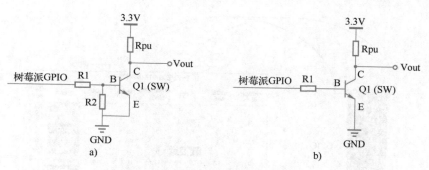

图 4-4　上拉电阻

Rpu 上接+3.3 V，因此 Rpu 被称为上拉电阻，晶体管为 NPN 型。当树莓派 GPIO 输出为低电平时，则 B、E 不导通，导致 C、E 不可导通。由于上拉电阻接 3.3 V，因此 C 处 Vout 输出电平为高电平 3.3 V。当树莓派 GPIO 输出为高电平时，则 B、E 导通，导致 C、E 可导通，由于上拉电阻接 3.3 V，C 直通 E，得 C 处 Vout 输出为低电平。

2. 输出电压转换器————下拉电阻 Rpd 的使用

如图 4-5 所示，利用 PNP 晶体管作为电子开关（SW），电路中在基极上串联的电阻 R1 为限流电阻。Rpd 下方接地，此时 Rpd 称为下拉电阻，晶体管为 PNP 型。

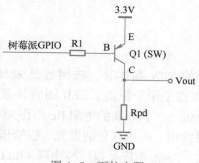

当树莓派 GPIO 输出为低电平时，E、B 导通，导致 E、C 导通。接了下拉电阻，则 E、C 导通，C 点输出高电平 3.3 V。当树莓派 GPIO 输出为高电平时，E、B 不导通，导致 E、C 不可导通。接了下拉电阻，由于下拉电阻接地，确定 Vout 输出为低电平。

图 4-5　下拉电阻

4.3.3　BOARD、BCM、WiringPi 三种硬件引脚编号模式

树莓派的 GPIO 引脚有 3 种编号模式：BOARD 引脚编号模式、BCM 引脚编号模式和 WiringPi 引脚编号模式。WiringPi 引脚编号模式只使用在 C 语言中。在 Python 程序中，GPIO 引脚编号模式有 BCM 引脚编号模式和 BOARD 引脚编号模式。本章所有 Python 控制硬件的例子都是以 BCM 引脚编号模式编写的，树莓派引脚编号如图 4-6 所示。

4.3.4　驱动大电流负载

树莓派 GPIO 引脚的最大输出电流为 16 mA，正常输出电流为 5 mA，且同一个时刻所有引脚的总输出电流不能超过 51 mA，如果某个引脚输出电流超过 5 mA，就需要驱动电路。

如果使用 GPIO 直接驱动 LED，由于工作电流 5 mA 很小，亮度也很低，如果要使 LED 变得更亮，就要使 LED 导通电流增大，那需要用到晶体管作为电流放大，使得小电流来驱动大电流 LED 负载。这类应用与电压转换器最大不同的地方就是：通常会将大电流负载直接放置在晶体管的导通路径上。

图 4-7 所示是一个典型的由 NPN 晶体管所组成的 LED 驱动电路，电路中作为驱动器开

树莓派40引脚对照表

wiringPi编号	BCM编号	功能名	BOARD编号	wiringPi编号	BCM编号	功能名	BOARD编号
		3.3V	1			5V	2
8	2	SDA.1	3			5V	4
9	3	SCL.1	5			GND	6
7	4	GPIO.7	7	15	14	TXD	8
		GND	9	16	15	RXD	10
0	17	GPIO.0	11	1	18	GPIO.1	12
2	27	GPIO.2	13			GND	14
3	22	GPIO.3	15	4	23	GPIO.4	16
		3.3V	17	5	24	GPIO.5	18
12	10	MOSI	19			GND	20
13	9	MISO	21	6	25	GPIO.6	22
14	11	SCLK	23	10	8	CE0	24
		GND	25	11	7	CE1	26
30	0	SDA.0	27	31	1	SCL.0	28
21	5	GPIO.21	29			GND	30
22	6	GPIO.22	31	26	12	GPIO.26	32
23	13	GPIO.23	33			GND	34
24	19	GPIO.24	35	27	16	GPIO.27	36
25	26	GPIO.25	37	28	20	GPIO.28	38
		GND	39	29	21	GPIO.29	40

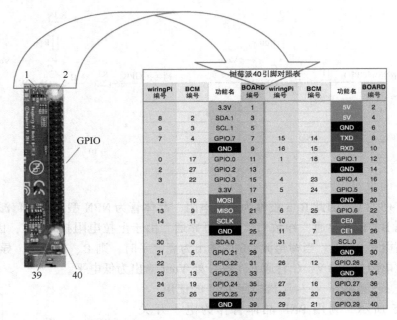

图 4-6 树莓派引脚编号

关的 NPN 晶体管，选用的是 8050，其基极上的电阻 R1 也是用于限流，LED 则直接放在 NPN 晶体管的集电极上，其串联的电阻 Rc 则作为 LED 导通时的限流电阻使用。一般红色的发光二极管压降较低，为 1.8 V 左右，3 mA 电流足以点亮串联 470Ω 电阻的红色 LED 灯。

树莓派 GPIO 输出控制晶体管的通断，仅仅需要提供很小的驱动电流，树莓派 GPIO 输出高电平时晶体管导通，形成直流通路，LED 灯点亮；树莓派 GPIO 输出低电平时，晶体管截止，晶体管 C、E 间断路，LED 灯灭。

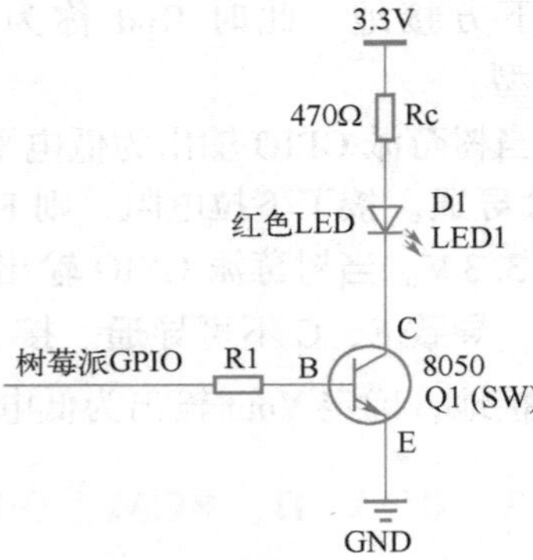

图 4-7 晶体管放大电流驱动 LED

4.4 Python 基础

4.4.1 Python 模块的安装

1. 确认树莓派里的 Python 版本

打开一个终端窗口，分别执行命令 python 或 python2（请注意，此处的 p 是小写）来测试树莓派是否安装了 Python 的开发环境。

```
pi@ raspberrypi:~ $ python2
Python 2.7.18 (default, Jul 14 2021, 08:11:37)
[GCC 10.2.1 20210110] on linux2
Type "help", "copyright", "credits" or "license" for more information.
>>>
```

上述输出表明，当前树莓派默认使用的 Python 版本为 Python 2.7.18。看到上述输出后，如果要退出 Python 并返回到终端窗口，可按〈Ctrl+D〉或输入 exit 按〈Enter〉键。

检查系统是否安装了 Python 3，请执行命令 python3。

```
pi@ raspberrypi：~ $ python3
Python 3.9.2 (default, Mar 12 2021, 04:06:34)
[GCC 10.2.1 20210110] on linux
Type "help", "copyright", "credits" or "license" for more information.
>>>
```

上述输出表明，系统中也安装了 Python 3，其版本为 3.9.2。

2. 安装 Python 3.9.2

本书的 Python 代码均基于 Python 3 的语法进行编写，如果 Python 3 的版本不是 3.9.2，则按照以下步骤进行单独安装 Python 3.9.2。

1）检查软件更新，需要 root 权限。

```
pi@ raspberrypi：~ $sudo    apt-get    update
```

2）安装依赖。

```
pi@ raspberrypi：~ $ sudo apt-get install build-essential libncurses-dev libreadline-dev libsqlite3-dev
libssl-dev libexpat1-dev zlib1g-dev libffi-dev
正在读取软件包列表 ... 完成
正在分析软件包的依赖关系树
正在读取状态信息 ... 完成
build-essential 已经是最新版 (12.6)。
libexpat1-dev 已经是最新版 (2.2.6-2+deb10u1)。
libffi-dev 已经是最新版 (3.2.1-9)。
libncurses-dev 已经是最新版 (6.1+20181013-2+deb10u2)。
libreadline-dev 已经是最新版 (7.0-5)。
libsqlite3-dev 已经是最新版 (3.27.2-3+deb10u1)。
zlib1g-dev 已经是最新版 (1:1.2.11.dfsg-1)。
libssl-dev 已经是最新版 (1.1.1d-0+deb10u6+rpt1)。
下列软件包是自动安装的并且现在不需要了：
    libpng-tools python-colorzero
使用'sudo apt autoremove'来卸载它(它们)。
升级了 0 个软件包,新安装了 0 个软件包,要卸载 0 个软件包,有 11 个软件包未被升级。
```

3）下载 Python 3.9.2，如图 4-8 所示。

4）创建本章节路径。

```
pi@ raspberrypi：~$mkdir    /home/pi/lesson/chapt4
pi@ raspberrypi：~$cd        /home/pi/lesson/chapt4
```

5）将随书配套的 Python-3.9.2.tgz 文件复制到树莓派的/home/pi/lesson/chapt4 目录下，并解压。

```
pi@ raspberrypi：~ /chapt4/$tar -zxvf Python-3.9.2.tgz
```

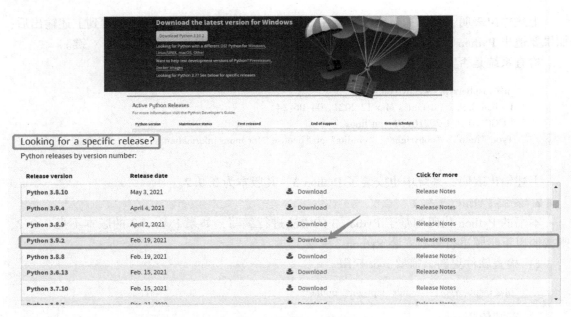

图 4-8　下载 Python 3.9.2

6）进入解压后的目录中。

pi@ raspberrypi：~ /lesson/chapt4 $cd Python-3.9.2

7）执行安装前的配置代码 ./configure。

pi@ raspberrypi:~/lesson/chapt4/Python-3.9.2$./configure

8）编译源代码。

pi@ raspberrypi:~/lesson/chapt4/Python-3.9.2$make

9）安装 Python 3.9.2。

pi@ raspberrypi:~/lesson/chapt4/Python-3.9.2$sudo make install

10）查看 Python 是否安装成功。

pi@ raspberrypi:~/lesson/chapt4/Python-3.9.2$python3

Python 3.9.2（default，Mar 12 2021，04:06:34）
［GCC 10.2.1 20210110］on linux
Type "help"，"copyright"，"credits" or "license" for more information.
>>>

上述输出表明，系统中 Python 3 已经升级为 3.9.2 的版本了。

4.4.2　Python 与 vi 的配置

vi 的配置参数都保存在~/.vimrc 配置文件中，默认没有这个配置文件，需要新建该配置文件，在终端中执行：

pi@ raspberrypi:~ $vi　~/.vimrc

并输入如下内容：

```
"===========开始设置 Vundle 插件管理,用来管理其他插件=============
set listchars+=tab:>-,space:_"显示空格和 Tab,很方便地查看代码的缩进关系
set list
set nu"显示行号
set tabstop=4"表示 Tab 代表 4 个空格的宽度
set shiftwidth=4"使用每层缩进 4 个空格数
```

4.4.3　避免 Python 代码缩进语法错误

Python 根据缩进来判断代码行的前后关系。Python 通过使用缩进让代码更易读，简单地说，Python 要求使用缩进让代码整洁而结构清晰。在较长的 Python 代码中，将看到缩进程度各不相同的代码块，这让读者对程序的组织结构有大致的认识。

开始编写 Python 代码时，需要注意一些常见的缩进错误。例如将不需要缩进的代码块缩进，而对于必须缩进的代码块却忘记了缩进。通过查看以下的错误示例，帮助读者避开语法错误。

【例 4-1】忘记缩进。

for 语句中的循环体部分的代码行要缩进。如果忘记缩进，Python 会提示：

4-1. error. py 错误代码

```
text = ['one','two','three']
for content in text：
print(content)
```

4-1. ok. py 正确代码

```
text = ['one','two','three']
for content in text：
    print(content)
```

python3　4-1. error. py 的执行结果

```
  File "4-1. error. py" , line 3
    print(content)
    ^
IndentationError: expected an indented block
```

python3　4-1. ok. py 的执行结果

```
one
two
three
```

错误结果，因为 print(content)没有缩进，Python 没有找到期望缩进的代码模块，执行代码时就会提示错误信息，因此在 for 后面的代码属于循环体部分的代码，要缩进。

【例 4-2】不必要的缩进。

如果缩进了无须缩进的代码，Python 将会报错。

4-2. error. py 错误代码

```
text = "hello Python world!"
        print(text)
```

4-2. ok. py 正确代码

```
text = "hello Python world!"
print(text)
```

python3 4-2. error. py 的执行结果

```
  File "4-3. error. py" , line 2
    print(text)
IndentationError: unexpected indent
```

python3 4-2. ok. py 的执行结果

```
hello Python world!
```

在这里 print(text)语句无须缩进，如果缩进了，运行时 Python 就会报错。

【例 4-3】 循环后不必要的缩进。

如果缩进了应在循环结束后执行的代码，这些代码将针对每个元素重复执行。但在大多数情况下，这会导致逻辑错误，但没有语法错误，程序依然可以执行。

4-3. error. py 错误代码   4-3. ok. py 正确代码

```
text = ['张三','李四','王五']
for text in text：
    print(text+",这是第 1 次显示! 共 2 次!")
    print(text+",这是第 1 次显示! 共 2 次!")
    print("最后,感谢每位同学!")
```

```
text = ['张三','李四','王五']
for text in text：
    print(text+",这是第 1 次显示! 共 2 次!")
    print(text+",这是第 1 次显示! 共 2 次!")
print("最后,感谢每位同学!")
```

python3 4-3. error. py 的执行结果   python3 4-3. ok. py 的执行结果

```
张三,这是第 1 次显示! 共 2 次!
张三,这是第 1 次显示! 共 2 次!
最后,感谢每位同学!
李四,这是第 1 次显示! 共 2 次!
李四,这是第 1 次显示! 共 2 次!
最后,感谢每位同学!
王五,这是第 1 次显示! 共 2 次!
王五,这是第 1 次显示! 共 2 次!
最后,感谢每位同学!
```

```
张三,这是第 1 次显示! 共 2 次!
张三,这是第 1 次显示! 共 2 次!
李四,这是第 1 次显示! 共 2 次!
李四,这是第 1 次显示! 共 2 次!
王五,这是第 1 次显示! 共 2 次!
王五,这是第 1 次显示! 共 2 次!
最后,感谢每位同学!
```

Python 发现 for 语句后面有 3 行代码是缩进的，因此没有报告错误，全部执行了，但是编写程序的本意是最后一行代码 "print("最后,感谢每位同学!")" 仅在最后执行一次就好，所以最后一行的 printf 语句无须缩进。

【例 4-4】 遗漏了冒号。

for 所在行末尾的冒号告诉 Python，下一行是循环的第一行，如果遗漏了冒号，将导致语法错误。

4-4. error. py 错误代码   4-4. ok. py 正确代码

```
text = ['张三','李四','王五']
for text in text
    print(text)
```

```
text = ['张三','李四','王五']
for text in text：
    print(text)
```

python3 4-4. error. py 的执行结果   python3 4-4. ok. py 的执行结果

```
  File "4-4. error. py", line 2
    for text in text
                   ^
SyntaxError: invalid syntax
```

```
pi@ raspberrypi:~/lesson/chapt4 $ python3 4-4. ok. py
张三
李四
王五
```

4.5 Python 控制树莓派 GPIO 引脚

4.5.1 设置与检测引脚编号系统

树莓派 4B 自带的 WiringPi 库默认是 2. 50，无法映射到 GPIO，按照第 3 章的内容安装好 wiringpi-2. 52. deb。

pi@ raspberrypi：~ /lesson/chapt3 $ sudo dpkg -i wiringpi-2.52. deb

更新到 WiringPi 2.52 才能与树莓派映射，树莓派 GPIO 引脚都有编号，若忘了引脚编号，又找不到图，可以在树莓派 Linux 终端输入 gpio readall 命令查询引脚编号，可参考3.3.1 节内容。

pi@ raspberrypi：~ $gpio readall

1. 指定引脚编号系统

在编程之前，使用 GPIO.setmode( ) 函数指定引脚编号系统，引脚的编号系统一旦指定，就不要更改。

```
import RPi. GPIO    as GPIO             #加载 GPIO 模块
GPIO. setmode( GPIO. BOARD)            #指定为 BOARD 引脚编号系统
# or
GPIO. setmode( GPIO. BCM)              #指定为 BCM 引脚编号系统
```

2. 设置引脚为输入或输出

使用 GPIO.setup( ) 函数告诉系统引脚是作为输入还是输出。

（1）设置输入模式：接收外界的信号

```
GPIO. setup( 引脚编号,GPIO. IN)
GPIO. setup( 引脚编号,GPIO. IN,pull_up_down = GPIO. PUD_UP)        设置引脚使用上拉电阻
GPIO. setup( 引脚编号,GPIO. IN,pull_up_down = GPIO. PUD_DOWN)     设置引脚使用下拉电阻
```

（2）设置输出模式：输出信号给外界

```
GPIO. setup( 引脚编号,GPIO. OUT)              设置引脚为输出
并初始为高（HIGH）或低（LOW）
GPIO. setup( GPIO. OUT, initial = GPIO. HIGH)
GPIO. output( channel, state)
state 可以是 0 / GPIO. LOW / False#           设置引脚输出为低电平
      或者 1 /GPIO. HIGH / True#              设置引脚输出为高电平
如 GPIO. OUT( 17,0)为设置第 17 号引脚输出低电平
```

3. 释放引脚

程序结束不释放引脚是一个很危险的行为。假如执行程序时设置了某个引脚输出为高电平，而程序结束时却未释放引脚，它将继续保持高电平状态，一旦发生意外将该高电平状态引脚与 GND 短路，就会烧毁树莓派。所以在程序最后，一定要使用 GPIO.cleanup( )命令释放引脚，清除引脚编号系统。

4.5.2　GPIO 通道设置与 LED 灯的控制

4.5.2　GPIO通道设置与LED灯的控制

在 Python 程序中定义的 GPIO 引脚有两种模式：①BCM 模式；②BOARD 模式。使用 Python 程序控制 GPIO 引脚的流程如下。

1）导入 GPIO 库。

2）指定 GPIO 引脚编号模式（本书统一使用 BCM 引脚编号模式）。

3）设置引脚是输入还是输出，以及初始状态。

4）设置输出电平，或者读取输入电平。

【例 4-5】 使用 BOARD 物理引脚编码第 12 引脚输出控制 LED 灯亮 1 s，灭 1 s，重复 3 次，分别使用 BCM 模式和 BOARD 模式控制，电路图参考图 4-7，或者直接输出给 LED 灯，但是要串联一个 1kΩ 左右的电阻限流。

4-5-BCM. py 代码

```
import RPi. GPIO as GPIO
import time
GPIO. setmode( GPIO. BCM)
GPIO. setup( 18, GPIO. OUT)
for num in range( 1,4):
        GPIO. output( 18, GPIO. HIGH)
        time. sleep( 1)
        GPIO. output( 18, GPIO. LOW)
        time. sleep( 1)
GPIO. cleanup( )
```

BCM 模式

4-5-BOARD. py 代码

```
import RPi. GPIO as GPIO
import time
GPIO. setmode( GPIO. BOARD)
GPIO. setup( 12, GPIO. OUT)
for num in range( 1,4):
        GPIO. output( 12, GPIO. HIGH)
        time. sleep( 1)
        GPIO. output( 12, GPIO. LOW)
        time. sleep( 1)
GPIO. cleanup( )
```

BOARD 模式

保存并退出，在终端输入 python3 4-5-BCM. py 或 python3 4-5-BOARD. py 观察程序运行结果，可以看到 BOARD 物理引脚 12 在 BCM 引脚模式下的编号是 18，不同编码系统下 LED 灯交替闪烁，控制效果一样，只是使用的引脚编号模式不同，本书为了统一，都采用 BCM 引脚编号模式编写程序。

4.5.3 边缘检测

边缘的定义为电信号从低电平到高电平或从高电平到低电平状态的改变。正常情况下，对于输入的值来说，更关心的是输入的状态是否发生了改变。这种状态上的改变是很重要的。

可以使用 RPi. GPIO 库中的 wait_for_edge() 函数和 add_event_detect() 函数。

● wait_for_edge() 函数：阻止程序的继续执行，直到检测到一个边沿。

● add_event_detect() 函数：增加事件检测函数。

【例 4-6】 如果 5 s 内有按键按下，则输出 "Edge detected on channel"，如果没有按键按下，则输出 "Timeout occurred"，其电路如图 4-9 所示。

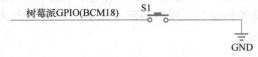

图 4-9　按键连接电路

4-6. py 代码如下。

```
import   RPi. GPIO as GPIO          #导入 RPi. GPIO 模块
import time                        #导入时间模块
#GPIO. cleanup( )                   #先清除之前所有关于 GPIO 的设置
GPIO. setmode( GPIO. BCM)           #设置 GPIO 引脚为 BCM 模式
```

```
GPIO. setup(18,GPIO. IN,pull_up_down=GPIO. PUD_UP)
#将引脚设置为输入模式,设置了默认值
channel = GPIO. wait_for_edge(18, GPIO. FALLING, timeout=5000)
#上升沿等待最多5 s(超时以毫秒为单位)
if channel is None:
        print('Timeout occurred')
else:
        print('Edge detected on channel',channel)
#这段程序的功能是如果在5 s内有按键按下,则打印出"Edge detected on channel",
#如果这5 s内没有按键按下,则打印出"Timeout occurred"。
GPIO. cleanup()
```

wait_for_edge()函数用于对一个引脚进行监听,如果 5 s 内有按键按下,则打印出"Edge detected on channel 18"。

```
pi@ raspberrypi:~/lesson/chapt4 $ python3 4-6. py
Edge detected on channel 18
```

如果这 5 s 内没有按键按下,则打印出"Timeout occurred"。

```
pi@ raspberrypi:~/lesson/chapt4 $ python3 4-6. py
Timeout occurred
```

【例 4-7】 每隔 1 s 打印计数,如果有按键按下,则打印"you pressed the button"。这个例子中使用 add_event_detect()函数,监听 BCM 引脚编号模式的第 18 引脚是否有下降沿,如果检测到下降沿,则触发自定义的事件函数 my_callback()。my_callback()中只有一条语句,就是打印出信息"you pressed the button"。4-7. py 完整的代码如下。

```
import RPi. GPIO as GPIO              #导入 RPi. GPIO 模块
import time                          #导入时间模块
GPIO. setmode(GPIO. BCM)             #设置 GPIO 引脚为 BCM 模式
def my_callback(channel):
        print('you pressed the button')
#自定义事件函数 my_callback,在 18 引脚边缘检测到下降沿时执行这个事件函数
#按键被触发打印的内容"you pressed the button"
GPIO. setup(18, GPIO. IN,pull_up_down=GPIO. PUD_UP)
#将 BCM 模式的第 18 引脚设置为输入模式
GPIO. add_event_detect(18,GPIO. FALLING, callback=my_callback)
#该函数对 BCM 模式的第 18 引脚进行监听,一旦检测到下降沿
#就执行自定义的 my_callback()函数,打印按钮被按下的提示"you pressed the button"
i = 0
for num in range(1,100):
        i = i+1
        print(i)
        time. sleep(1)                #延迟 1 s,在 100 s 检测按键是否按下
GPIO. remove_event_detect(18)        #移除边缘检测
GPIO. cleanup()
```

执行结果如下,当按下按键后就会打印"you pressed the button"。

```
pi@raspberrypi:~/lesson/chapt4 $python3 4-7. py
1
2
3
you pressed the button
you pressed the button
you pressed the button
4
5
```

4.5.4 开关抖动的处理

通常的按键开关为机械弹性开关，当机械触点断开/闭合时，由于机械触点的弹性作用，一个按键开关在闭合时不会马上稳定地接通，在断开时也不会一下子断开。因而在闭合/断开的瞬间均伴随着一连串的抖动，抖动时间的长短由按键的机械特性决定，一般为 5～10 ms，这是一个很重要的时间参数，在很多场合都要用到。因此需要采取消抖措施来消除这种抖动所带来的不利影响。如图 4-10 所示为按键抖动时的 IO 输出波形。

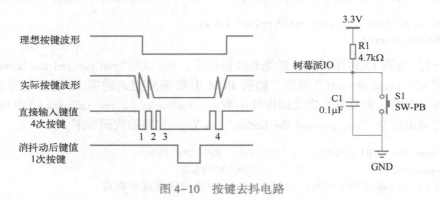

图 4-10　按键去抖电路

按键按下时，电压波形抖动的现象称为"开关抖动"。有两种方式可以消除这种抖动。

- 硬件方法：将一个 0.1 μF 电容连接到开关上。
- 软件去抖：延迟 0.01 s 后再读取电平。

也可以两种方式一起用，下面用按键控制 LED 灯的实例来对比有无按键防抖的对比，电路如图 4-11 所示。

【例 4-8】 当 BCM 引脚编号模式的第 24 引脚所连接的按键按下后，第 25 引脚输出高电平点亮 LED 灯，在 add_event_detect( ) 函数中，设置 bouncetime=5，表示在 5 ms 内仅检测一个边沿，无论是上升沿还是下降沿，因为按键按下后还会释放。检测到边沿后就触发 led( ) 函数，同样为了防止抖动的影响，等待 10 ms 之后再检测输入的第 24 引脚的电平，如果电平是低电平，表示按键按下，第 25 引脚输出高电平点亮 LED 灯；如果输入的第 24 引脚的电平是高电平，表示按键已经释放了，第 25 引脚输出低电平使得 LED 灭。

按键防抖的 4-8. py 代码如下。

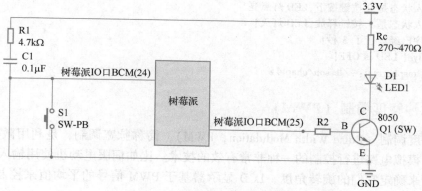

图 4-11　按键控制 LED 灯电路

```
import RPi. GPIO as GPIO               #加载 GPIO 口模块
import time                           #加载时间模块
GPIO. setmode( GPIO. BCM)             #设置 GPIO 为 BCM 模式
switch_input = 24                     #设置 24 引脚作为输入信号给树莓派
led_output = 25                       #设置 25 引脚作为输出给 LED
GPIO. setup( switch_input, GPIO. IN, pull_up_down = GPIO. PUD_UP)
GPIO. setup( led_output, GPIO. OUT)


def led( channel) :
        time. sleep( 0. 01)
        input_state = GPIO. input( switch_input)
        if input_state == 0 :
                print('输入状态是 %d 按键按下,LED 灯点亮! ' %input_state)
                GPIO. output( led_output, GPIO. HIGH)
        else :
                print('输入状态是 %d 按键释放,LED 灯灭! ' %input_state)
                GPIO. output( led_output, GPIO. LOW)


GPIO. add_event_detect( switch_input, GPIO. BOTH, callback = led, bouncetime = 5)


i = 0
try :
        while True :
                time. sleep( 1)
                i = i+1
                print('程序已经运行了 %d 秒! ' %i)
except KeyboardInterrupt :
        print('Bye! LED is OFF! ')
finally :
        GPIO. remove_event_detect( switch_input)
```

4-8. py 代码的执行结果如下。

```
pi@raspberrypi : ~/lesson/chapt4 $python3 4-8. py
程序已经运行了 1 秒!
程序已经运行了 2 秒!
```

输入状态是 0 按键按下,LED 灯点亮!
输入状态是 1 按键释放,LED 灯灭!
程序已经运行了 3 秒!
^CBye! LED is OFF!
pi@raspberrypi:~/lesson/chapt4 $

4.5.5 脉冲宽度调制 (PWM)

脉冲宽度调制 (Pulse Width Modulation, PWM),简称脉宽调制,是利用微处理器的数字输出来对模拟电路进行控制的一种非常有效的技术。比如伺服电动机使用输入 PWM 信号的脉冲宽度来确定它们的旋转角度,LCD 显示器基于 PWM 信号的平均值来控制屏幕亮度,PWM 信号如图 4-12 所示。

- 周期 (T):脉冲信号从一个上升沿到下一个上升沿的时间。
- 频率 (F):描述 1 s 内脉冲周期发生的次数。
- 占空比 (D):一个周期中高电平时间占整个周期时间的百分比。

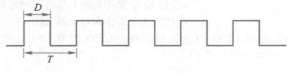

图 4-12　PWM 信号

可以通过设置不同的占空比来控制脉冲宽度或者信号的平均值,从而达到控制外部设备的目的。图 4-13 所示是占空比分别为 0%、25% 和 100% 的 3 种 PWM 信号对比。

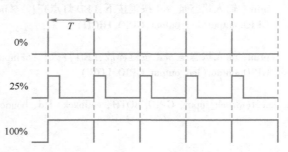

图 4-13　不同占空比的 PWM 信号

PWM 有软件和硬件两种输出方式。

- 软件方法:将普通 GPIO 引脚作为 PWM 输出引脚,依据实际需求,配置好计时器,在指定计时周期翻转 GPIO 引脚电平,实现 PWM 功能。这种控制方式占用 CPU,时间精度差,控制复杂。
- 硬件方法:将支持硬件 PWM 输出的引脚作为 PWM 输出引脚,这样就可以直接通过配置寄存器,采用硬件实现 PWM 功能了。这种 PWM 信号输出方式,不占用 CPU,时间精度高,控制简单。

在树莓派上,所有 GPIO 引脚都支持软件方式输出 PWM 信号,以 BCM 引脚编号系统的 GPIO12、GPIO13、GPIO18、GPIO19 支持硬件方式输出 PWM 信号。

【例 4-9】 以 BCM 引脚编号系统的第 18 引脚为例，硬件产生频率为 1Hz 的 PWM 信号，以控制 LED 灯。

```
import RPi. GPIO as GPIO
#导入 RPi. GPIO 模块
#GPIO. cleanup( )
#先清除之前所有关于 GPIO 的设置
GPIO. setmode( GPIO. BCM)
#设置 GPIO 引脚为 BCM 模式
GPIO. setup( 18, GPIO. OUT)
#设置 18 引脚为输出
blink = GPIO. PWM( 18, 1)
# PWM 信号以 1Hz 的频率发送
try:
    blink. start( 50)
        #设置占空比值为 50
    while True:
        pass
except KeyboardInterrupt:
        #设置键盘中断,按〈Ctrl+C〉终止闪烁
    blink. stop( )
GPIO. cleanup( )
```

start( )方法指定了占空比为 50%。在开始 PWM 信号后，程序就可以解放出来做其他事情了。GPIO 18 会持续发送 PWM 信号，blink = GPIO. PWM(18,1) 指定了 PWM 信号以 1 Hz 的频率发送，LED 灯 1 s 闪烁一次。按〈Ctrl+C〉组合键终止闪烁。

4.6　本章小结

在本章中介绍了电子元器件的基础知识，包括电压、电流、电阻、电感、二极管、晶振，还介绍了模拟信号、数字信号、逻辑门、功率等嵌入式应用所需要的基本硬件知识。在树莓派上安装 Python 和配置 vi 编辑器，并介绍使用 vi 编辑器编写 Python 程序的方法，学习了 GPIO 引脚的配置和使用，学习了按键中断、PWM 信号产生等技术。

4.7　习题

1. 树莓派中的 BCM 引脚编码系统的 10 引脚对应的物理引脚编号是多少？
2. 树莓派一共有多少有个引脚？
3. 参考 4.5.4 和 4.5.5 的内容，编写 Python 程序，当按键按下，LED 灯以频率为 1 Hz 闪烁。当按键释放，LED 灯灭。

实 践 篇

　　本篇侧重实践的具体应用，内容包括环境监测系统、视频入侵报警系统、智能遥控车、基于人脸识别的考勤系统、文字识别与语音识别、目标检测。通过这些贴近企业实际工作岗位需求的实践项目的学习，进一步提升读者的动手能力和实践能力。

第 5 章　环境监测系统

本章以树莓派 4B 开发板为硬件开发平台，创建一个环境监测系统，使用 DHT11 传感器将采集到的温度、湿度数据保存到 MariaDB 数据库中，通过浏览器访问数据库里的数据，并利用 JavaScript 程序绘制出温湿度随时间变化的曲线。

5.1　数据库

MariaDB 数据库由开源社区维护，相对于 MySQL 数据库而言，MariaDB 运行速度更快，包含了更加丰富的特性，在本书中使用 MariaDB 数据库进行环境监测系统的数据存储。

5.1.1　数据库的安装

在树莓派 4B 上安装数据库的过程如下。

5.1.1　数据库的安装

1. 使用 apt-get 命令安装 MariaDB 数据库

```
pi@raspberrypi:~$sudo apt install mariadb-server
```

2. 初始化 MariaDB 数据库

```
pi@raspberrypi:~ $sudo mariadb-secure-installation
```

NOTE: RUNNING ALL PARTS OF THIS SCRIPT IS RECOMMENDED FOR ALL MariaDB
SERVERS IN PRODUCTION USE!　PLEASE READ EACH STEP CAREFULLY!

In order to log into MariaDB to secure it, we'll need the current password for the root user. If you've just installed MariaDB, and haven't set the root password yet, you should just press enter here.
Enter current password for root（enter for none）:
OK, successfully used password, moving on…
Setting the root password or using the unix_socket ensures that nobody
can log into the MariaDB root user without the proper authorisation.
You already have your root account protected, so you can safely answer 'n'.

Switch to unix_socket authentication ［Y/n］n
 … skipping.

You already have your root account protected, so you can safely answer 'n'.

Change the root password? ［Y/n］n
 … skipping.

By default, a MariaDB installation has an anonymous user, allowing anyone to log into MariaDB without having to have a user account created for them.　This is intended only for testing, and to make the installation go a bit smoother.　You should remove them before moving into a production environment.

Remove anonymous users? [Y/n] y
　... Success!

Normally, root should only be allowed to connect from 'localhost'.　This ensures that someone cannot guess at the root password from the network.

Disallow root login remotely? [Y/n] n
　... skipping.

By default, MariaDB comes with a database named 'test' that anyone can access.　This is also intended only for testing, and should be removed before moving into a production environment.

Remove test database and access to it? [Y/n] y
　- Dropping test database...
　... Success!
　- Removing privileges on test database...
　... Success!

Reloading the privilege tables will ensure that all changes made so far will take effect immediately.

Reload privilege tables now? [Y/n] y
　... Success!

Cleaning up...

All done!　If you've completed all of the above steps, your MariaDB installation should now be secure.

Thanks for using MariaDB!

3. 设置 MariaDB 数据库用户的密码

将 MariaDB 数据库的两个用户 root 和 mysql 的密码都设置为 xmcu，数据库新设置用户或更改密码后需要用 flush privileges 刷新系统权限相关表。

```
pi@raspberrypi:~ $sudo mysql
Welcome to the MariaDB monitor.　Commands end with ; or \g.
Your MariaDB connection id is 60
Server version: 10.5.12-MariaDB-0+deb11u1 Raspbian 11
Copyright (c) 2000, 2018, Oracle, MariaDB Corporation Ab and others.
Type 'help;' or '\h' for help. Type '\c' to clear the current input statement.
MariaDB [(none)]> use mysql;
Reading table information for completion of table and column names
You can turn off this feature to get a quicker startup with -A
Database changed
MariaDB [mysql]>
```

```
MariaDB [mysql]> SET PASSWORD FOR 'root'@'localhost' = PASSWORD('xmcu');
Query OK, 0 rows affected (0.030 sec)

MariaDB [mysql]> SET PASSWORD FOR 'mysql'@'localhost' = PASSWORD('xmcu');
Query OK, 0 rows affected (0.002 sec)

MariaDB [mysql]> flush privileges;
Query OK, 0 rows affected (0.001 sec)

MariaDB [mysql]> exit;
Bye
```

4. 重启 MariaDB 数据库

```
pi@raspberrypi:~$sudo systemctl restart mariadb
```

5. 测试第 3 步设置的 mysql 和 root 用户的账号及密码是否正确，是否能正常登录

使用 mysql 命令登录数据库，-u 后的参数是用户，-p 表示需要输入密码。

1）测试 mysql 用户，密码为 xmcu。

```
pi@raspberrypi:~ $mysql  -umysql  -pxmcu
Welcome to the MariaDB monitor.   Commands end with ; or \g.
Your MariaDB connection id is 30
Server version：10.5.12-MariaDB-0+deb11u1 Raspbian 11
Copyright (c) 2000, 2018, Oracle, MariaDB Corporation Ab and others.
Type 'help;' or '\h' for help. Type '\c' to clear the current input statement.
MariaDB [(none)]> exit
Bye
pi@raspberrypi:~ $
```

2）测试 root 用户，密码为 xmcu。

```
pi@raspberrypi:~ $mysql  -uroot  -pxmcu
Welcome to the MariaDB monitor.   Commands end with ; or \g.
Your MariaDB connection id is 31
Server version：10.5.12-MariaDB-0+deb11u1 Raspbian 11
Copyright (c) 2000, 2018, Oracle,MariaDB Corporation Ab and others.
Type 'help;' or '\h' for help. Type '\c' to clear the current input statement.
MariaDB [(none)]> exit
Bye
pi@raspberrypi:~ $
```

6. 配置数据库远程访问

1）编辑/etc/mysql/my.cnf 配置文件，找到被注释的 port=3306 这一行，取消该注释，开放这个端口。

```
pi@raspberrypi:~ $sudo vi /etc/mysql/my.cnf
将
# port = 3306
改成
```

port = 3306

2）编辑/etc/mysql/mariadb. conf. d/50-server. cnf 配置文件，找到 bind-address = 127. 0. 0. 1 这一行，在前面加上#号，就是去掉只能本地访问数据库的限制。

```
pi@raspberrypi:~ $sudo vi /etc/mysql/mariadb. conf. d/50-server. cnf
将
bind-address                = 127. 0. 0. 1
改成
# bind-address              = 127. 0. 0. 1
```

3）重启 MariaDB 服务。

```
pi@raspberrypi:~$sudo systemctl restart mariadb
```

5.1.2　MariaDB 数据库的常用命令

1. 登录数据库
使用 mysql 命令登录数据库服务器。

```
pi@raspberrypi:~ $mysql -umysql -pxmcu
Welcome to the MariaDB monitor.    Commands end with ; or \g.
Your MariaDB connection id is 34
Server version：10. 5. 12-MariaDB-0+deb11u1 Raspbian 11
Copyright（c）2000, 2018, Oracle,MariaDB Corporation Ab and others.
Type 'help;' or '\h' for help. Type '\c' to clear the current input statement.
MariaDB [（none）]> exit
Bye
pi@raspberrypi:~ $
```

2. 创建数据库，显示所有数据库
先用 create database 命令创建一个名为 ceshi 的数据库，再用 show databases 命令查看数据库。

```
MariaDB [（none）]> create database ceshi;
Query OK, 1 row affected（0. 001 sec）
MariaDB [ceshi]> show databases;
+--------------------+
| Database           |
+--------------------+
| ceshi              |
| information_schema |
| mysql              |
| performance_schema |
+--------------------+
7 rows in set（0. 007 sec）
MariaDB [（none）]>
```

3. 显示数据库中的表
首先要使用 use 命令选择要使用的数据库，再使用 show tables 查看该数据库下的表格。

```
MariaDB [(none)]> show databases；
MariaDB [(none)]> use ceshi；
Database changed
MariaDB [ceshi]> show tables；
+-----------------+
| Tables_in_ceshi |
+-----------------+
| bg_dht11        |
| mytable         |
+-----------------+
2 rows in set (0.001 sec)
MariaDB [ceshi]>
```

4. 退出数据库

使用 exit 命令退出数据库。

```
MariaDB [ceshi]> exit
```

5. 导入导出数据库

（1）导出整个数据库

mysqldump -u 用户名 -p 密码　数据库名 > 数据库名.sql

参数解析：-h 表示 host 地址，-u 表示 user 用户，-p 后面跟着的参数是密码，-d 表示不导出数据

例：

pi@raspberrypi:~ $ mysqldump -umysql -pxmcu ceshi > /tmp/output_database.sql

output_database.sql 内容如下

pi@raspberrypi:~ $ cat /tmp/output_database.sql

--MariaDB dump 10.19　Distrib 10.5.12-MariaDB, for debian-linux-gnueabihf (armv7l)

--

-- Host：localhost　　　Database：ceshi

-- ---

-- Server version　　　10.5.12-MariaDB-0+deb11u1

```
/*!40101 SET @OLD_CHARACTER_SET_CLIENT=@@CHARACTER_SET_CLIENT */;
/*!40101 SET @OLD_CHARACTER_SET_RESULTS=@@CHARACTER_SET_RESULTS */;
/*!40101 SET @OLD_COLLATION_CONNECTION=@@COLLATION_CONNECTION */;
/*!40101 SET NAMES utf8mb4 */;
/*!40103 SET @OLD_TIME_ZONE=@@TIME_ZONE */;
/*!40103 SET TIME_ZONE='+00:00' */;
/*!40014 SET @OLD_UNIQUE_CHECKS=@@UNIQUE_CHECKS, UNIQUE_CHECKS=0 */;
/*!40014 SET @OLD_FOREIGN_KEY_CHECKS=@@FOREIGN_KEY_CHECKS, FOREIGN_KEY_
CHECKS=0 */;
/*!40101 SET @OLD_SQL_MODE=@@SQL_MODE, SQL_MODE='NO_AUTO_VALUE_ON_ZERO' */;
/*!40111 SET @OLD_SQL_NOTES=@@SQL_NOTES, SQL_NOTES=0 */;
```

--

-- Table structure for table 'wendu'

--

```
DROP TABLE IF EXISTS 'wendu';
/*! 40101 SET @saved_cs_client      = @@character_set_client */;
/*! 40101 SET character_set_client = utf8 */;
CREATE TABLE 'wendu' (
  'time' datetime DEFAULT NULL,
  'temp' float(5,2) DEFAULT NULL
) ENGINE=InnoDB DEFAULT CHARSET=utf8mb4;
/*! 40101 SET character_set_client = @saved_cs_client */;
--
-- Dumping data for table 'wendu'
--
LOCK TABLES 'wendu' WRITE;
/*! 40000 ALTER TABLE 'wendu' DISABLE KEYS */;
INSERT INTO 'wendu' VALUES ('2021-04-17 18:00:00',36.50);
/*! 40000 ALTER TABLE 'wendu' ENABLE KEYS */;
UNLOCK TABLES;
/*! 40103 SET TIME_ZONE=@OLD_TIME_ZONE */;
/*! 40101 SET SQL_MODE=@OLD_SQL_MODE */;
/*! 40014 SET FOREIGN_KEY_CHECKS=@OLD_FOREIGN_KEY_CHECKS */;
/*! 40014 SET UNIQUE_CHECKS=@OLD_UNIQUE_CHECKS */;
/*! 40101 SET CHARACTER_SET_CLIENT=@OLD_CHARACTER_SET_CLIENT */;
/*! 40101 SET CHARACTER_SET_RESULTS=@OLD_CHARACTER_SET_RESULTS */;
/*! 40101 SET COLLATION_CONNECTION=@OLD_COLLATION_CONNECTION */;
/*! 40111 SET SQL_NOTES=@OLD_SQL_NOTES */;
-- Dump completed on 2022-03-07  7:21:42
pi@raspberrypi:~ $
```

(2) 导出一个表

mysqldump -u 用户名 -p 密码 数据库名 表名>数据库名.sql
例:mysqldump -u user_name -p 密码 database_name table_name > outfile_name.sql
pi@raspberrypi:~ $ mysqldump -umysql -pxmcu ceshi wendu > /tmp/output_table.sql

(3) 将数据导入到数据库中

本例就是将导出来的数据文件/tmp/output_database.sql 再导回数据库中。
mysql -u 用户名 -p 密码 数据库名 < 数据库名.sql
pi@raspberrypi: ~ $ mysql -umysql -pxmcu ceshi < /tmp/output_ database.sql
//要先创建名为 ceshi 的数据库,才能导入

6. 删除数据库

命令:drop database <数据库名>
例如:删除名为 ceshi 的数据库。
MariaDB [(none)]> drop database ceshi;

7. 创建表并插入数据

(1) 创建表格

命令:create table 表格名称(字段名 1,字段名 2...)
例如:

MariaDB［ceshi］> create table mytable（id int primary key auto_increment，name varchar（20）not null unique）；

//该命令创建了一个名为 mytable 的表格；该表格只有两列，id 和 name，id 是自动增加的整数类型，且为主键，name 是最长为 20 个字符的非空字符型变量

MariaDB［ceshi］> create table mytable（id int primary key auto_increment，name varchar（20）not null unique）；

Query OK，0 rows affected（0.036 sec）

（2）插入数据

命令：insert into <表名>values（值 1 …值 n）

例如：

　　MariaDB［ceshi］> insert into mytable values（1，'Tom'）；

MariaDB［ceshi］> insert into mytable（name）value（'Tom'）；
Query OK，1 row affected（0.005 sec）
MariaDB［ceshi］> insert into mytable（name）value（'Joy'）；
Query OK，1 row affected（0.003 sec）
MariaDB［ceshi］> insert into mytable（name）value（'张三'）；
Query OK，1 row affected（0.002 sec）

8. 删除表

命令：drop table <表名>
例如：删除表名为 wendu 的表，在这之前要先选择表格所在的数据库。
MariaDB［（none）］> use ceshi；
MariaDB［ceshi］> show tables；
MariaDB［ceshi］> drop table wendu；
Query OK，0 rows affected（0.014 sec）

　　drop table 命令用于删除一个或多个表。执行该命令必须有每个表的 DROP 权限。所有的表数据和表定义会被删除，所以使用本语句要小心！

9. 表查询

命令：select <字段 1，字段 2，…> from <表名> where <表达式>
例如：查看表 mytable 中的所有数据。
MariaDB［ceshi］> select * from mytable；
```
+----+--------+
| id | name   |
+----+--------+
|  2 | Joy    |
|  1 | Tom    |
|  3 | 张三   |
+----+--------+
```
3 rows in set（0.001 sec）
若使用 order by id，会将查询到的结果按照 id 排序，如下：
MariaDB［ceshi］> select * from mytable order by id；
```
+----+--------+
| id | name   |
+----+--------+
|  1 | Tom    |
```

```
|  2 | Joy        |
|  3 | 张三       |
+----+--------+
3 rows in set（0.001 sec）

MariaDB［ceshi］>
```

10. 删除表中的数据

命令：delete from <表名> where <表达式>

例如：删除表 mytalbe 中编号为 1 的记录。

```
MariaDB［ceshi］> select * from mytable;
+----+--------+
| id | name   |
+----+--------+
|  2 | Joy    |
|  1 | Tom    |
|  3 | 张三   |
+----+--------+
3 rows in set（0.001 sec）
MariaDB［ceshi］> delete from mytable where id=1;
Query OK, 1 row affected（0.006 sec）
MariaDB［ceshi］> select * from mytable;
+----+--------+
| id | name   |
+----+--------+
|  2 | Joy    |
|  3 | 张三   |
+----+--------+
2 rows in set（0.001 sec）
MariaDB［ceshi］>
MariaDB［ceshi］> delete from mytable;
Query OK, 2 rows affected（0.005 sec）
MariaDB［ceshi］> select * from mytable;
Empty set（0.001 sec）
MariaDB［ceshi］>
```

5.2 Apache 服务器

5.2 Apache 服务器

Apache（Apache HTTP Server）是 Web 服务器端使用广泛的软件之一，又称之为 httpd，因其安全性强和稳定性好，而且开源，可以根据需要满足个性化的定制，本节讲解在树莓派上安装 Apache 服务器。

5.2.1 Apache 服务器的安装

1. 更新源系统

```
pi@raspberrypi:~$ sudo apt-get update
```

pi@raspberrypi：~$ sudo apt-get upgrade

2. 使用 apt-get 工具安装 Apache

pi@raspberrypi：~$ sudo apt-get install apache2

Apache 默认有一个测试网页文件 index. html 放在树莓派的/var/www/html 目录下，当运行了 Apache 服务器后，使用 ifconfig 命令查看树莓派的 IP 地址后，在浏览器中输入"http：//树莓派的 IP 地址/"即可以看到如图 5-1 所示的测试页面。

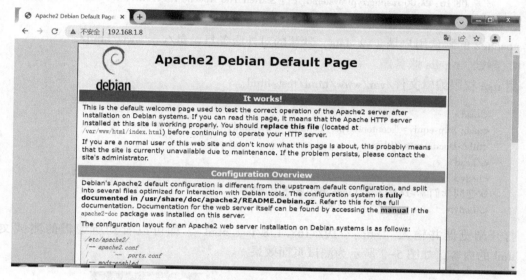

图 5-1　查看树莓派上的 web 服务器

3. 启动 Apache 服务器的管理

安装过程中，树莓派会自动启动 Apache 服务器。关于 Apache 服务的命令如下。

1）关闭 Apache 服务器。

pi@raspberrypi：~ $ sudo /etc/init. d/apache2 stop
Stopping apache2 (viasystemctl)：apache2. service.

2）启动 Apache 服务器。

pi@raspberrypi：~ $ sudo /etc/init. d/apache2 start
Starting apache2 (viasystemctl)：apache2. service.

3）查看 Apache 服务器的状态。

pi@raspberrypi：/etc/apache2 $ sudo /etc/init. d/apache2 status
● apache2. service - The Apache HTTP Server
　　Loaded：loaded (/lib/systemd/system/apache2. service; enabled; vendor preset：enabled)
　　Active：active (running) since Tue 2022-03-08 16：49：06 CST; 7min ago
　　　Docs：https：//httpd. apache. org/docs/2. 4/
　Process：3320ExecStart=/usr/sbin/apachectl start (code=exited, status=0/SUCCESS)
　Main PID：3324 (apache2)
　　Tasks：55 (limit：4915)

```
            CPU：109ms
        CGroup：/system. slice/apache2. service
                ├──3324 /usr/sbin/apache2 -k start
                ├──3326 /usr/sbin/apache2 -k start
                └──3327 /usr/sbin/apache2 -k start
    3 月 08 16：49：06 raspberrypi systemd［1］：Starting The Apache HTTP Server…
    3 月 08 16：49：06 raspberrypi apachectl［3323］：AH00558：apache2：Could not reliably determine the
    server's …message
    3 月 08 16：49：06 raspberrypi systemd［1］：Started The Apache HTTP Server.
    Hint：Some lines wereellipsized, use -l to show in full.
```

apache2 的默认用户是 www-data，默认的对外服务目录是/var/www/html/。

4. 测试 Apache 服务器

用 root 权限编辑文件/var/www/html/test. html。

```
<head>
<meta http-equiv＝" content-type" content＝" txt/html；charset＝utf-8" />
<title>Document</title>
</head>
<body>
欢迎同学们学习《嵌入式 Linux 开发技术基础》!
</body>
```

打开浏览器并输入 "http：//192. 168. 1. 8/test. html"，即可以看到所编辑的测试文件 test. html 的内容，如图 5-2 所示为测试页面效果。

图 5-2　测试页面效果

5.2.2　PHP 模块的安装与验证

1）安装 php、php-mysql 模块。

```
pi@raspberrypi：~$ sudo apt-get install php
pi@raspberrypi：~$ sudo apt-get install php-mysql
```

2）在/var/www/html/目录下编写 phpinfo. php 测试代码，测试 PHP 环境。phpinfo（）函数是 PHP 自带的一个函数，用来检测 PHP 环境。

```
pi@raspberrypi：/etc/apache2 $ sudo vi /var/www/html/phpinfo. php
<?php
phpinfo（）；
?>
```

3）在树莓派桌面打开浏览器并输入"http://192.168.1.8/phpinfo.php"。192.168.1.8
是树莓派的 IP 地址，即可出现如图 5-3 所示的验证结果。

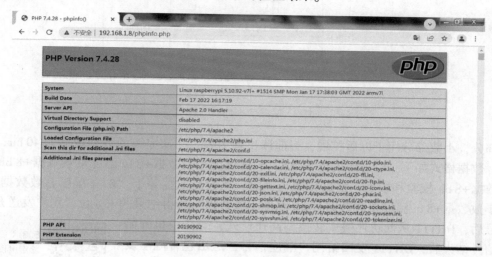

图 5-3　PHP 验证结果

5.3　DHT11 温湿度传感器

DHT11 温湿度传感器是一款数字温湿度复合传感器，其温度、湿度的测量分辨率都为 8
位。该传感器包括一个电阻式感湿元件和一个 NTC 测温元件，并与一个 8 位单片机相连接，
因此该产品具有抗干扰能力强、性价比高等优点，每个 DHT11 传感器都进行过校准。单
线制串行接口使系统集成变得简易快捷，信号传输距离可达 20 m 以上。DHT11 的封装图
如图 5-4 所示，表 5-1 为 DHT11 的引脚定义。

图 5-4　DHT11 的封装图

表 5-1　DHT11 引脚定义

1	VDD	供电 DC 3~5.5 V
2	DATA	串行数据，单总线
3	NC	空脚，悬空
4	GND	接地，电源负极

树莓派的 BCM 引脚编号模式的第 4 引脚（BOARD 引脚编号模式的第 7 引脚）与
DHT11 的数据引脚相连，读取温度信息，硬件电路图连接如图 5-5 所示。

树莓派与 DHT11 之间的通信采用单总线，一次通信时间 4 ms 左右，数据分小数部分和

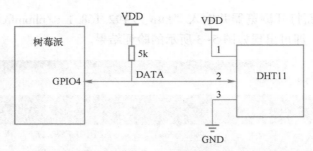

图 5-5　DHT11 温湿度传感器的典型应用电路

整数部分，小数部分用于以后扩展，当前读出均为零，一次完整的数据传输为 40 bit，高位先出。数据格式如下：8 bit 湿度整数数据+8 bit 湿度小数数据+8 bi 温度整数数据+8 bit 温度小数数据+8 bit 校验和数据。数据传送正确时，校验和数据等于"8 bit 湿度整数数据+8 bit 湿度小数数据+8 bi 温度整数数据+8 bit 温度小数数据"所得结果的末 8 位。用户发送开始采样信号后，DHT11 从低功耗模式转换到高速模式，等待主机开始采样信号结束后，DHT11 发回给用户响应信号，送出包含温湿度信息的 40 bit 数据。

5.3.1　DHT11 温湿度传感器数据读取

5.3.1　DHT11 温湿度传感器数据读取

DHT11 模块与树莓派连接的实物图如图 5-6 所示。

```
VCC ————— VCC(3.3V)    //DHT11 的电源引脚 1 连接到树莓派的 3.3 V 引脚(BORAD 引脚 1)
DATA ———— GPIO4(7)     //DHT11 的数据引脚 2 连接到树莓派的 BCM 引脚编号模式的第 4
                        //引脚(BOARD 引脚 7)
GND ————— GND          //DHT11 的 GND 引脚 4 连接到树莓派的 GND 引脚(BORAD 引脚 9)
DATA———— 7(GPIO4)      //DHT11 的数据引脚连接到树莓派的 BOARD 的第 7 引脚(GPIO4)
```

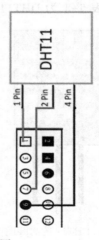

图 5-6　DHT11 与树莓派接线图

1）使用 sudo raspi-config 命令打开"1-Wire"的支持，如图 5-7 所示。

pi@raspberrypi：~ $ sudo raspi-config

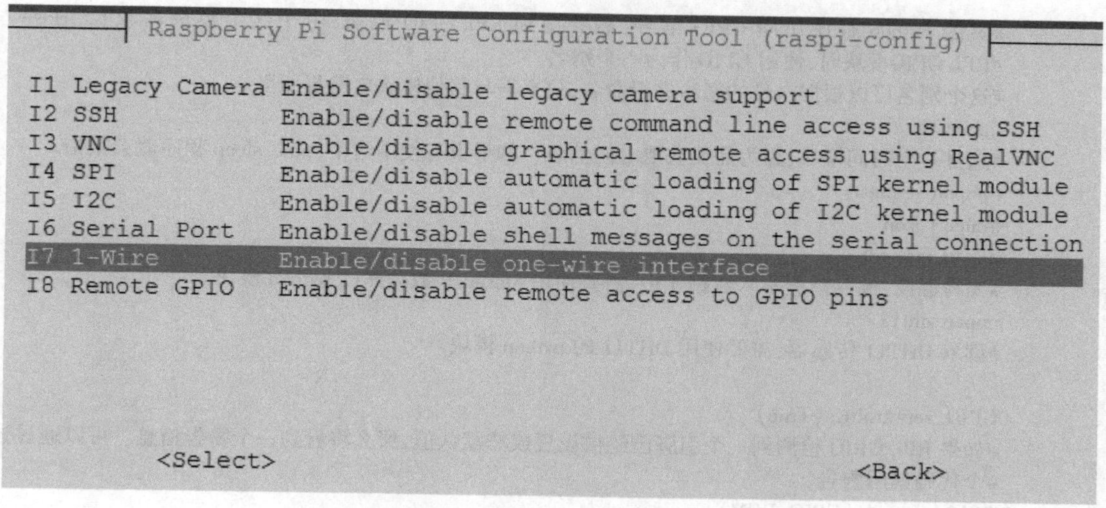

```
┌─── Raspberry Pi Software Configuration Tool (raspi-config) ───┐
  I1 Legacy Camera   Enable/disable legacy camera support
  I2 SSH             Enable/disable remote command line access using SSH
  I3 VNC             Enable/disable graphical remote access using RealVNC
  I4 SPI             Enable/disable automatic loading of SPI kernel module
  I5 I2C             Enable/disable automatic loading of I2C kernel module
  I6 Serial Port     Enable/disable shell messages on the serial connection
  I7 1-Wire          Enable/disable one-wire interface
  I8 Remote GPIO     Enable/disable remote access to GPIO pins



          <Select>                                        <Back>
└───────────────────────────────────────────────────────────────┘
```

图 5-7 打开 "1-Wire" 的支持

2) 首先将 DHT11 环境监测系统项目打包文件 dht11_test. tar 解压后，通过 WinSCP 工具将该项目文件需要的以下 5 个文件上传到树莓派 4B 开发板上的 /var/www/html/dht11_test 目录下。

- canvasjs. min. js：画图所需要的 JS 代码。
- read_dht11. py：读取 DHT11 传感器的数据。
- shidu. php：温度随时间变化的曲线。
- table. php：显示温湿度数据表格。
- wendu. php：湿度随时间变化的曲线。

3) 安装 pip3、dht11、mariadb 模块。

```
pi@raspberrypi:~$ sudo apt-get install python3-pip
pi@raspberrypi:~$ pip3 install dht11
pi@raspberrypi:~$ pip3 install mariadb
```

4) 将以上 5 个文件复制到树莓派的 /var/www/html/chapt5 目录。在此目录下，方便对采集的数据通过浏览器进行直观的观察。

```
pi@raspberrypi:~$ sudo cp -r dht11_test /var/www/html/chapt5
pi@raspberrypi:~ $ cd /var/www/html/dht11_test/chapt5
pi@raspberrypi:/var/www/html/chapt5 $ ls -l
总用量 468
-rw-r--r-- 1 root root 459247   3 月    8 17:12 canvasjs. min. js
-rw-r--r-- 1 root root   3950   3 月    9 16:52 read_dht11. py
-rw-r--r-- 1 root root    911   3 月    9 16:51 shidu. php
-rw-r--r-- 1 root root   1333   3 月    9 16:57 table. php
-rw-r--r-- 1 root root    913   3 月    9 16:51 wendu. php
pi@raspberrypi:/var/www/html/chapt5 $
```

5) 编辑采集温湿度数据并保存到数据库的 read_dht11. py 代码。

```
importRPi. GPIO as GPIO
```

```
#要让 Python 程序访问 GPIO 信号,需要用到 RPi. GPIO 模块,由于这个模块名较长,在导入
#RPi. GPIO模块时,使用 GPIO 作为一个别名。
#这个别名可以根据自己的想法进行命名,只要不与其他模块名重复即可。
import time
#这是一个时间模块,因为需要获取时间信息。如果没有使用这个,time. sleep 程序就会报错。
#import requests
#import json
import mariadb
#要将湿度、温度数据写入数据库中,需要使用 MariaDB 数据库的 python 模块。
import dht11
#读取 DHT11 传感器,需要使用 DHT11 的 python 模块


GPIO. setwarnings(True)
#如果 RPi. GRIO 检测到一个引脚已经被设置成非默认值,那么将看到一个警告信息。可以通过这
#个代码禁用警告。
GPIO. setmode(GPIO. BCM)
#使用这个选项可以告诉库根据 GPIO 引脚的引脚号引用信号,使用 BCM 引脚编号模式。
instance = dht11. DHT11(pin=4)
#使用树莓派 GPIO. BOARD 编号模式的第 4 引脚


conn=mariadb. connect(host="localhost",port=3306,user="mysql",passwd="xmcu",db="dht11")
#数据库连接,mariadb 是模块名称,connect 表示数据库连接,host 是本机,也可以是 IP 地址,port 是
数据库的默认端口 3306,
#user 是数据库的用户,passwd 是数据库用户对应的密码,db 是数据库连接后选择的数据库
cur=conn. cursor()
#使用 cursor() 方法创建一个对象 cur


#使用 execute() 方法执行 SQL 查询
#如果数据库没有 bg_dht11 表格就创建
#第一列为序号,采用自增类型
#第二列为温度,采用数据类型为浮点数,小数点后面两位
#第三列为湿度,采用数据类型为浮点数,小数点后面两位
#第四列为采样时间
cur. execute("""
create table if not EXISTS bg_dht11
(
id INT UNSIGNED NOT NULL PRIMARY KEY AUTO_INCREMENT,
temperature float(5,2) ,
humidity float(5,2) ,
time    datetime
  )
""")


try:
    while True:
        result = instance. read()
        if result. is_valid():
            timeofdht11=time. strftime('%Y-%m-%d %H:%M:%S',time. localtime(time. time()))
            #获取时间并转换为易读格式,用到模块 time 中的 strftime 和 localtime。时间格式例
```

```
#如：2021-04-10 18：00：00
print("humidity is %0.2f %%" % result.humidity)
#打印出采集的湿度信息
print("temperature is %0.2f c" % result.temperature)
#打印出采集的温度信息
print("time    is %s" %timeofdht11)
#打印出采样时间


print("湿度是 %0.2f %% " % result.humidity)
print("温度是 %0.2f 摄氏度" % result.temperature)
print("时间是 %s" % timeofdht11)


try：
        cur.execute("insert into bg_dht11(temperature,humidity,time) values('%f','%f',
'%s')" % (result.temperature,result.humidity,timeofdht11))
        #连接到数据库中,并将采集到的温度、湿度数据插入表格 bg_dht11 中
        conn.commit()
        #commit 是提交执行的意思,将事务所做的修改保存到数据库
except Exception as e：
        print (e)
        conn.rollback()
        #如果发生错误,则回滚
else：
        print("Error：%d" % result.error_code)
    time.sleep(6)
    #每隔 6 s 采集一次数据
except KeyboardInterrupt：
    cur.close()
    conn.close()
    GPIO.cleanup()
#使用 KeyboardInterrupt 终止子进程,就是用户使用〈Ctrl+C〉键中断程序
#cur.close()关闭对象 cur
#conn.close()关闭连接对象
#GPIO.cleanup()释放 GPIO 资源,并会清除设置的引脚编号规则,可以避免烧坏树莓派
```

5.3.2　将温度写入数据库

5.3.2　将温度写入数据库

(1) 数据库的创建
在数据库内创建对应的用户、表格等, 首先打开终端, 登录
数据库。

```
pi@raspberrypi：~ $ mysql -umysql -pxmcu
```

可以新建一个名称为 dht11 的数据库, 用于存储采集的温度、湿度等信息。

```
MariaDB [(none)]> create database dht11;
```

（2）启动 read_dht11.py 程序

使用命令 python3 read_dht11.py 采集温度湿度，并将温度湿度写入数据库，按〈Ctrl+C〉键可以停止温度采集。再登录数据库，使用 "select ＊ from bg_dht11;" 命令查看数据库 dht11 下的表格 bg_dht11 里存放的温湿度数据，如图 5-8 所示。

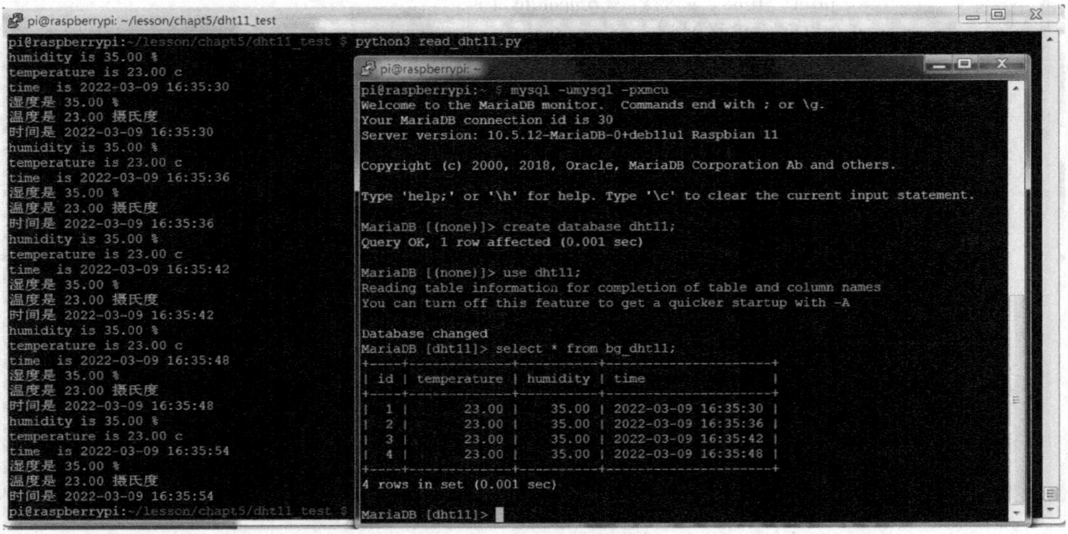

图 5-8　将采集到的数据存入数据库

5.3.3　在网页中显示温湿度数据

通过 read_dht11.py 代码采集好温湿度数据后，并且已经将数据存入数据库 dht11 下的表格 bg_dht11 中，但是每次都要到数据库中查询数据会显得比较麻烦，因此可以通过编写一个网页代码连接到数据库，只需通过网页代码就可以读取温湿度数据。

编写读取温湿度数据的网页代码如下。

```
pi@raspberrypi:/var/www/html/chapt5 $ sudo vi table.php
```

内容如下。

```
<! DOCTYPE HTML PUBLIC
"-//W3C//DTD HTML 4.01 Transitional//EN" "http://www.w3.org/TR/html401/loose.dtd">
<html>
<head>
<meta http-equiv="Content-Type" content="text/html; charset=iso-8859-1">
<title>温湿度数据采集信息</title>
</head>
<body>
<pre>
<? php
 $connection =mysqli_connect("localhost","mysql","xmcu","dht11");
// mysql_connect()建立一个到数据库服务器的连接。当没有提供可选参数时使用以下
//默认值:server 为'localhost:3306', username 为服务器进程所有者的用户名,password 为数据库的
```

```
//密码
//选择数据库 dht11
//mysql_query( ) 向与指定的连接标识符关联的服务器中的当前活动数据库发送一条查询。
//如果没有指定 link_identifier,则使用上一个打开的连接。
$result = mysqli_query ($connection,"SELECT * FROM bg_dht11");
//表格是与 python 代码和数据对应的

//返回根据从结果集取得的行生成的数组,如果没有更多行,则返回 FALSE。
echo "<table border='2'>
<tr>
<th>序号</th>
<th>温度</th>
<th>湿度</th>
<th>时间</th>
</tr>";
while ($row =mysqli_fetch_array($result))
//赋值语句 $row = mysql_fetch_array($result) 的意思是,
//使用 mysql_fetch_array( ) 函数每次获取查询结果集合($result) 中的一项后,
//赋值给 $row 变量,那么整个赋值语句的值就是 $row 变量中的值(查询结果中的一项)

{
echo "<tr>";
echo "<td>". $row[0]."</td>"; //显示序号
echo "<td>". $row[1]."</td>"; //显示温度
echo "<td>". $row[2]."</td>"; //显示湿度
echo "<td>". $row[3]."</td>"; //显示时间
echo "</tr>";
}
echo "</table>";
? >
</pre>
</body>
</html>
```

在浏览器中输入 "192.168.1.5/chapt5/table.php",就可以看到如图 5-9 所示的温湿度数据结果。

5.3.4　绘制温湿度随时间变化的曲线

当采集完温湿度数据后,不仅可以通过网页读取温湿度数据,还能通过网页绘制温湿度曲线,利用 JavaScript 程序绘制出温湿度随时间变化的曲线,这样在查询数据时更加直观。

5.3.4　绘制温湿度随时间变化的曲线

1. 编写对应的网页显示温度曲线的程序

　　pi@raspberrypi:/var/www/html/chapt5 $ sudo vi wendu.php

wendu.php 温度曲线代码如下:

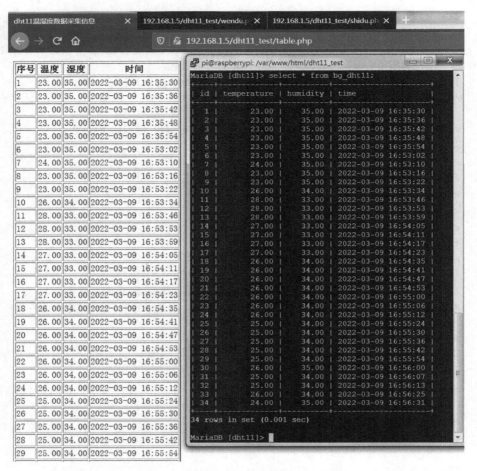

图 5-9 从数据库中读取温湿度数据结果

```
    <? php
    $connection =mysqli_connect("localhost","mysql","xmcu","dht11");
//建立数据库连接
    $result =mysqli_query ($connection,"SELECT * FROM bg_dht11");
//mysqli_query() 函数执行某个针对数据库的查询,建立表格连接,SELECT 语句用于从数据表中
//读取数据
    while ($row =mysqli_fetch_array($result))
//$row 获取的 SQL 查询语句的 1 条记录,以数组保存。数组键为查询的字段名。循环外获取该值
//可以通过保存到另外一个数组中来实现。赋值语句 $row = mysql_fetch_array($result) 的意思是,
//使用 mysql_fetch_array() 函数每次获取查询结果集合($result)中的一项后,赋值给 $row 变量,
//那么整个赋值语句的值就是 $row 变量中的值(查询结果中的一项)
    {
    $data_chart[ ] = array(      //$data = array();新建一个空数组
      'y' => $row[1],
      'label' => $row[0]        //通过 mysqli_fetch_array() 函数取得的一项添加到数组中,通过
                                //循环就可以把查询结果中的每一项都添加进数组
    );
    }
```

```
? >
<!DOCTYPE HTML>
<html>
<head>
<script>
window. onload = function ( ) {

var chart = newCanvasJS. Chart("chartContainer", {
    title: {
        text: "温度随时间变化的曲线"//标题
    },
    axisY: {
        title: "温度 （℃ 摄氏度)"//Y 轴标题
    },
    data: [{
        type: "line",
        dataPoints: <? php echo json_encode($data_chart, JSON_NUMERIC_CHECK); ? >
    }]
});
chart. render( );

}
</script>
</head>
<body>
<div id="chartContainer" style="height: 370px; width: 100%;"></div>
<script src="canvasjs. min. js"></script>
</body>
</html>
```

在树莓派的/var/www/html/chapt5 目录下修改对应的 wendu. php 代码，将数据库信息改为与实际数据库对应的数据即可。在浏览器中输入 "http://192. 168. 1. 5/chapt5/wendu. php"，得到温度随时间变化的曲线，如图 5-10 所示。

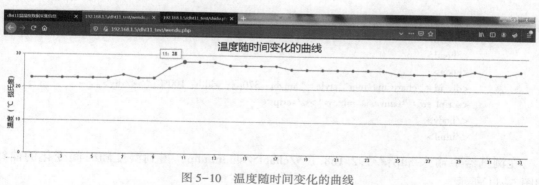

图 5-10 温度随时间变化的曲线

2. 编写对应的网页显示湿度曲线的代码

pi@raspberrypi:/var/www/html/chapt5 $ sudo vi shidu. php

shidu. php 湿度曲线代码如下。

```php
<? php
$connection = mysqli_connect("localhost","mysql","xmcu","dht11");//建立数据库连接
$result = mysqli_query ($connection,"SELECT * FROM bg_dht11"); //建立表格连接
while ($row = mysqli_fetch_array($result))
{
$data_chart[ ] = array(
  'y' => $row[2],
  'label' => $row[0]
);
}
? >


<!DOCTYPE HTML>
<html>
<head>
<script>
window. onload = function ( ) {

var chart = newCanvasJS. Chart("chartContainer", {
    title: {
        text: "湿度随时间变化的曲线"
    },
    axisY: {
        title: "湿度 ( % 百分比)"
    },
    data: [{
        type: "line",
        dataPoints: <? php echo json_encode($data_chart, JSON_NUMERIC_CHECK); ? >
    }]
});
chart. render();

}
</script>
</head>
<body>
<div id="chartContainer" style="height: 370px; width: 100%;"></div>
<script src="canvasjs. min. js"></script>
</body>
</html>
```

在浏览器中输入 http://192. 168. 1. 5/chapt5/shidu. php，得到湿度随时间变化的曲线，如图 5-11 所示。

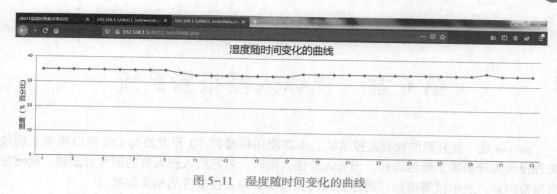

图 5-11　湿度随时间变化的曲线

5.4　本章小结

本章介绍了以树莓派 4B+Apache Web 服务器为开发平台的环境监测系统，并且将温湿度数据存进数据库中，用户可以通过浏览器远程实时查询数据库中的温湿度数据，通过 JavaScript 代码绘制温湿度随时间变化的曲线图。

5.5　习题

请读者将 wendu. php 和 shidu. php 两个程序合成一个 draw. php，在浏览器中直接输入"http://树莓派的 ip/draw. php"，就可以得到合并的温湿度曲线图。

第6章　视频入侵报警系统

motion 是一款开源的视频监控系统，本章使用树莓派 4B 开发板与 CSI 接口摄像头模块实现视频入侵报警系统的设计，当有人非法入侵时，就抓拍入侵人员的照片并录像，同时发出报警声音，显示报警图标，通过查询网页可以查询入侵事件的相关信息。

6.1　树莓派摄像头

6.1.1　安装摄像头模块

本章需要的硬件包括 CSI 接口的树莓派 Camera Rev1.3 版本摄像头和树莓派 4B 开发板。摄像头相关参数如下。

- 500 万像素
- CMOS 尺寸：1/4 英寸
- 焦距（Focal Length）：3.29 mm
- 传感器像素：1080P
- 支持 1080p30、720p60 以及 640×480p60/90 视频录像
- 尺寸：25 mm×20 mm×9 mm

- 感光芯片 OV5647
- 光圈（F）：2.9
- 对角视场角（FOV）：72.4°
- 静态图片分辨率为 2592×1944 像素

按照以下步骤将树莓派摄像头模块（如图 6-1 所示）连接到树莓派开发板上。

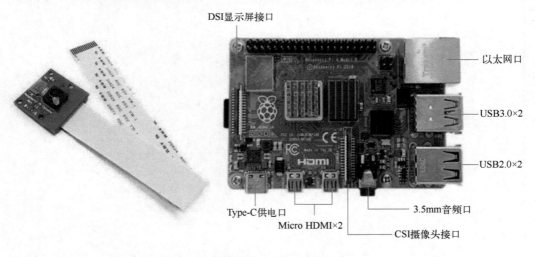

图 6-1　树莓派与 CSI 接口摄像头模块

1）将贴在摄像头镜头上的塑料保护膜撕掉。
2）找到 CSI 接口，拉起 CSI 接口卡扣，如图 6-2a、b 所示。

3）将摄像头的排线插入树莓派的 CSI 接口。有银白色的一面朝向 HDMI 接口方向，确认排线的金属线与卡扣的金属连接完好之后，将卡扣按下，如图 6-2c 所示。

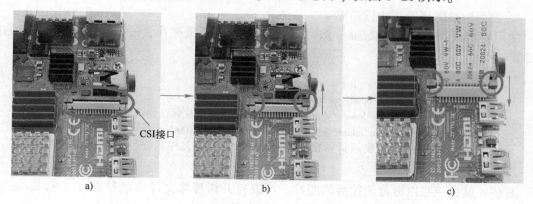

图 6-2　树莓派连接 CSI 接口摄像头的步骤

6.1.2　启用树莓派摄像头模块

在终端输入 sudo raspi-config 树莓派配置命令后，按图 6-3a~d 的步骤依次设置。选择菜单中的 "Interface Options"（界面选项）→ "Legacy Camera"（相机）命令，将其设置为 Enable。完成之后重启树莓派。

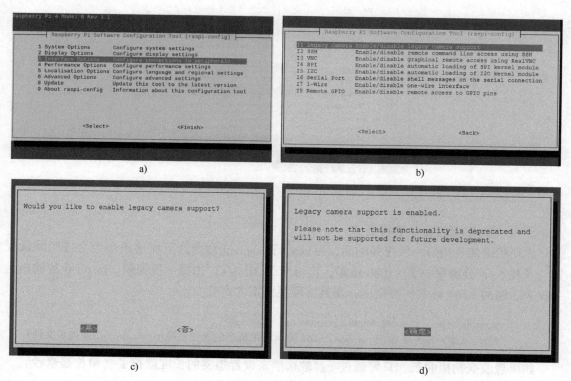

图 6-3　启用摄像头模块配置

6.1.3 测试树莓派摄像头模块

1. 使用树莓派摄像头进行拍照

使用树莓派 CSI 接口的 Camera Rev1.3 摄像头模块拍摄照片，raspistill 是树莓派的拍照命令。

```
pi@raspberrypi：~ $ mkdir /home/pi/lesson/chapt6
pi@raspberrypi：~ $ cd /home/pi/lesson/chapt6
（解释：表示到/home/pi/lesson/chapt6 目录下，将拍摄的照片保存到该目录）
pi@raspberrypi：~/lesson/chapt6 $ raspistill -o picture. jpg -t 2000
（解释：-o 后面的参数表示将拍摄的图片以 picture. jpg 文件名进行保存，-t 2000 参数表示在
2000ms 后拍摄一张照片）
```

图 6-4 就是一张由树莓派拍摄的图片。可以打开树莓派文件管理器查看，在/home/pi/lesson/chapt6 目录下存在一个名为 picture. jpg 的文件。

图 6-4　树莓派拍摄的图片

2. 使用树莓派摄像头进行录像

想要用摄像头拍摄一段视频的话，可以运行 raspivid 命令。下面这条命令会按照默认配置（长度 5 s，分辨率 1920×1080 像素，比特率 17 Mbit/s）拍摄一段视频。raspivid 的输出是一段未压缩的 h264 格式的视频流，而且这段视频不含声音。

```
pi@raspberrypi：~/lesson/chapt6 $ raspivid -o   video. h264
（解释：-o 表示 output 输出，-o video. h264 表示将采集到的视频流输出为 video. h264 视频文件）
```

如果想改变拍摄时长，只要通过-t 参数选项来设置想要的长度就行了（单位是毫秒）。

```
pi@raspberrypi：~/lesson/chapt6 $ raspivid -o   video. h264   -t   5000
（解释：这条命令就是拍摄一个时间长度为 5000ms，分辨率为 1920×1080 像素的视频）
```

打开树莓派文件管理器查看，看到/home/pi/lesson/chapt6 目录下出现了刚刚拍摄的视频文件 video. h264，如图 6-5 所示。

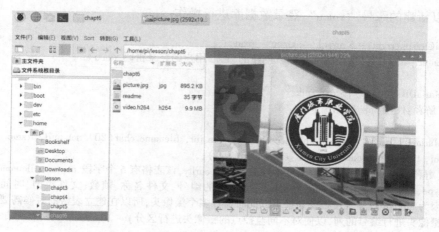

图 6-5　树莓派拍摄的视频

6.2　安装 motion 视频入侵报警系统

在本节中将实现摄像头的视频入侵报警功能，当有人非法入侵的时候，会发出报警声音并显示报警图标，同时将拍摄入侵人员的照片和视频，并将入侵信息存入数据库。

6.2.1　数据库的配置

motion 视频入侵报警系统可以将视频入侵的信息保存到数据库中，所以在安装 motion 视频入侵报警系统之前，请读者参考第 5 章 5.1 节中关于数据库的内容创建相应的数据库账号并且赋予权限，创建表格用于保存入侵事件的信息。数据库的相关设置如下。

```
pi@raspberrypi:~ $ mysql  -umysql  -pxmcu
```
（解释：这里使用 mysql 用户名登录，因为只有数据库的 root 账号和 mysql 账号才能创建用户）

```
MariaDB [(none)]> create  user  'xmcu'@'%'  identified  by 'xmcu';
```
（解释：为数据库创建名为"xmcu"的普通账号及对应的密码"xmcu"，@后面的 IP 地址为允许连接的客户端的 IP 地址，如果是 '%'，就表示客户端没有 IP 地址的限制）

```
MariaDB [(none)]> create  database  spjk;
```
（解释：该命令用于创建一个数据库，这个数据库的名字叫"spjk"，即"视频监控"的首字母小写）

```
MariaDB [(none)]> grant all privileges  on *.*  to 'xmcu'@'%'  identified  by  'xmcu';
```
（解释：赋予用户 xmcu 从外部操作所有数据库、所有数据表的所有权限，没有外部客户端的 IP 限制）

```
MariaDB [(none)]> flush privileges;
```
（解释：用于刷新权限，使权限立即生效）

```
MariaDB [(none)]> exit
（解释:退出数据库）
```

重新以新建的账号"xmcu"登录数据库进行操作:

```
pi@raspberrypi:~ $ mysql  -uxmcu  -pxmcu
Enter password:（这里输入上面新创建的 xmcu 用户的登录密码 xmcu）
```

```
MariaDB [(none)]> use spjk;
（解释:使用 spjk 数据库）
```

```
MariaDB [spjk]> create table security (camera int, filename char(80) not null, frame int, file_type
int, time_stamp datetime, text_event char(80));
```
（解释:建立一个记录视频入侵事件的表格 security,该表格有 6 个字段 camera、filename、frame、file_type、time_stamp、text_event,分别记录摄像头的编号、文件名称、帧数、文件类型、时间、事件时间。因为 Motion 视频入侵报警系统可以同时监控多个摄像头,所以在建立表格的时候需要创建一个对摄像头进行编号的列,以便对不同监控点的摄像头进行区分）
```
MariaDB [spjk]>exit
（解释:退出数据库）
```

6.2.2 相关视频软件库的安装

相关视频软件库的安装步骤如下。

1）安装本视频项目需要的软件包和库文件。

```
pi@raspberrypi:~/lesson/chapt6/motion $ sudo apt-get install autoconf automake autopoint \
pkgconf libtool libjpeg9-dev build-essential libzip-dev gettext libmicrohttpd-dev
（解释:用"\"代表换行,当命令太长一行写不完的时候,用"\"来换行,但还是一行命令）
```

2）安装视频编码/解码库。

```
pi@raspberrypi:~/lesson/chapt6/motion $ sudo apt-get install libavformat-dev  \
libavcodec-dev libavutil-dev libswscale-dev \
libavdevice-dev libmariadb-dev libmariadb-dev-compat
（解释:用"\"代表换行）
```

6.2.3 编译源代码

将本章的配套资源压缩包 chapt6. tar 解压到树莓派的/var/www/html 目录下，这样方便通过网页查看入侵信息。

1）将本章的配套资源压缩包 chapt6. tar 解压到树莓派的/var/www/html 目录。

```
pi@raspberrypi:~ $ cd /var/www/html
pi@raspberrypi:/var/www/html $ tar  -xvf  chapt6. tar
（解释:解压 chapt6. tar 包）
pi@raspberrypi:/var/www/html $ sudo chown -R  www-data. www-data  chapt6/
（解释:将/var/www/html/chapt6/目录的所有者赋给 www-data 用户,该用户是 Web 服务器的所有者,这样方便通过网络读取相关数据）
```

2）进入 motion 视频入侵报警系统软件的源代码目录/var/www/html/chapt6/motion _

source，进行编译前的配置准备。

```
pi@raspberrypi:~ $ cd /var/www/html/chapt6/motion_source/
pi@raspberrypi:/var/www/html/chapt6/motion_source $ sudo  make clean
（解释:进入源代码目录,将之前编译的程序删除）
pi@raspberrypi:/var/www/html/chapt6/motion_source $ sudo  autoreconf  -fiv
（解释:该命令表示可以重复编译指定目录下的系统文件）
pi@raspberrypi:/var/www/html/chapt6/motion_source $ sudo ./configure

……
LDFLAGS：
OS                      : linux-gnueabihf
pthread_np              : no
pthread_setname_np      : yes
pthread_getname_np      : yes
XSI error               : no
webp support            : yes
V4L2 support            : yes
BKTR support            : no
MMAL support            : yes
FFmpeg support          : yes
libavformat version     : 58.45.100
SQLite3 support         : no
MYSQL support           : yes
PostgreSQL support      : no
MariaDB support         : yes
Install prefix：             /usr/local
（解释:配置编译环境,并生成 Makefile 编译配置文件,"./"表示当前路径）
```

各参数说明如下。

V4L2 support＝yes：V4L2 即 video for Linux 2，是 Linux 下针对视频采集的一种编程接口，支持 USB 摄像头。

FFmpeg support＝yes：FFmpeg 是在 Linux 平台下的音视频编解码库。

MYSQL support＝yes：支持 MySQL 数据库。

MariaDB support＝yes：支持 MariaDB 数据库，本项目使用的是 MariaDB 数据库。

3）编译 motion 源代码并安装。

```
pi@raspberrypi:/var/www/html/chapt6/motion_source $ sudo make
（解释:make 是按照 Makefile 编译配置文件里的设置将 C 语言源代码编译成可执行的二进制
程序。编译完成后就会在 motion_source/src/目录下生成可执行程序 motion）

pi@raspberrypi:/var/www/html/chapt6/motion_source $ sudo make install
（解释:该命令是将编译好的可执行程序复制到相应的目录下,因为有些目录只有超级用户 root 才
有写权限,所以命令前要加 sudo 升级权限后才能复制到指定的目录）
```

4）测试 motion 是否运行正常，先启动 motion。

```
pi@raspberrypi:~ $ cd /var/www/html/chapt6/
pi@ raspberrypi:/var/www/html/chapt6 $ sudo  motion _ source/src/motion   -c motion _ source/data/
```

motion-dist. conf

［0：motion］［NTC］［ALL］conf_load：Processing thread 0 - config file motion_source/data/motion-dist. conf

［0：motion］［NTC］［ALL］motion_startup：Logging to syslog

［0：motion］［NTC］［ALL］motion_startup：Motion 4. 4. 0+dirty20211023-2645d67 Started

［0：motion］［NTC］［ALL］motion_startup：Using default log type（ALL）

［0：motion］［NTC］［ALL］motion_startup：Using log type（ALL）log level（NTC）

［0：motion］［NTC］［STR］webu_start_strm：Starting all camera streams on port 8081

［0：motion］［NTC］［STR］webu_strm_ntc：Started camera 0 stream on port 8081

［0：motion］［NTC］［STR］webu_start_ctrl：Starting webcontrol on port 8080

［0：motion］［NTC］［STR］webu_start_ctrl：Started webcontrol on port 8080

［0：motion］［NTC］［ENC］ffmpeg_global_init：ffmpeg libavcodec version 58. 91. 100 libavformat version 58. 45. 100

［0：motion］［NTC］［ALL］translate_init：英语语言

［0：motion］［NTC］［ALL］motion_start_thread：相机 ID：0 来自 motion_source/data/motion-dist. conf

［0：motion］［NTC］［ALL］motion_start_thread：相机 ID：0 相机名称：（null）设备：/dev/video0

［0：motion］［NTC］［ALL］main：等待线程完成，pid：1582

［1：ml1］［NTC］［ALL］motion_init：相机 0 已启动：运动检测 已启用

［1：ml1］［NTC］［VID］vid_start：打开 V4L2 设备

［1：ml1］［NTC］［VID］v4l2_device_open：使用视频设备 /dev/video0 并输入 -1

［1：ml1］［NTC］［VID］v4l2_device_capability：- VIDEO_CAPTURE

［1：ml1］［NTC］［VID］v4l2_device_capability：- VIDEO_OVERLAY

［1：ml1］［NTC］［VID］v4l2_device_capability：- READWRITE

［1：ml1］［NTC］［VID］v4l2_device_capability：- STREAMING

［1：ml1］［NTC］［VID］v4l2_input_select：名称 = " Camera 0 "-相机

［1：ml1］［NTC］［VID］v4l2_norm_select：设备不支持指定 PAL / NTSC 规范

［1：ml1］［NTC］［VID］v4l2_pixfmt_set：测试调色板 Y U 1 2（640x 480）

［1：ml1］［NTC］［VID］v4l2_pixfmt_set：使用调色板 Y U 1 2（640x 480）

［1：ml1］［NTC］［ALL］image_ring_resize：将预捕获缓冲区的大小调整为 1 个项目

［1：ml1］［NTC］［ALL］image_ring_resize：将预捕获缓冲区的大小调整为 4 个项目

　　VNC 连接到树莓派上后，打开浏览器并输入：http：//localhost：8081/，出现如图 6-6 所示界面，表明 motion 已经编译成功，能正常运行了。

　　因为 motion 要实现入侵报警功能，还需要做进一步的配置，在终端按〈Ctrl+C〉键，即可停止当前 motion 的运行。

6. 2. 4　入侵报警功能的实现

6. 2. 4　入侵报警功能的实现

　　要实现入侵检测及相关功能，还需要在 motion 的配置文件中增加 on_ event_ start 入侵事件命令，将标志文件 flag_alarm 置 1，如 echo 1 > /var/www/html/chapt6/flag_alarm。

　　监控网页 video. html 每隔 2 s 就调用 getFlag. php 读取标志文件 flag_alarm，当没有人入侵时，标志文件 flag_alarm 是 0，显示安全图标。当 motion 检测到有人入侵时，motion 启动事件 on_event_start 对标志文件 flag_alarm 写入 1，监控网页 video. html 读取到 flag_alarm 为 1 时，发出报警声音，并显示报警图标和抓拍图片，同时将入侵事件信息存入数据库中。

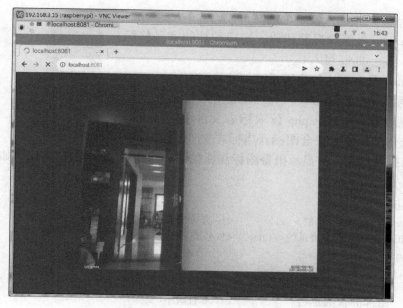

图 6-6 网页显示 motion 视频流

摄像头视频入侵报警系统的相关文件如下。

```
pi@raspberrypi:/var/www/html/chapt6 $ ls -l
总用量 188
-rw-r-----  1 www-data www-data  1046  3 月 30 14:55 alarm. jpg
-rw-r-----  1 www-data www-data 12114  3 月 30 14:55 alarm. wav
-rw-r-----  1 www-data www-data     1  3 月 30 16:24 flag_alarm
-rw-r-----  1 www-data www-data   139  3 月 30 15:05 getFlag. php
-rw-r-----  1 www-data www-data 96381  3 月 30 14:55 jquery-1. 11. 0. min. js
drwxr-xr-x  2 www-data www-data 36864  3 月 30 16:27 motion
-rw-r-----  1 www-data www-data  5591  3 月 30 15:52 motion. conf
drwxr-xr-x 11 www-data www-data  4096  3 月 10 18:04 motion_source
-rw-r-----  1 www-data www-data  3331  3 月 30 14:55 ok. jpg
-rw-r--r--  1 www-data www-data  2562  3 月 30 16:11 search. php
-rw-r-----  1 www-data www-data   185  3 月 30 15:06 unalarm. php
-rw-r-----  1 www-data www-data  2115  3 月 30 15:39 video. html
```

各参数说明如下。
- alarm. jpg 是报警图标,如图 6-7a 所示。
- alarm. wav 是报警音频文件,当有人非法入侵时网页播放该报警声。
- flag_alarm 是入侵事件标志文件。
- getFlag. php 是读取入侵标志文件的代码。
- motion 是存放抓拍图片和录像的目录。
- motion. conf 是摄像头视频入侵报警系统的配置文件。
- motion_source 是 motion 源代码目录。
- ok. jpg 是当没有检测到入侵时显示的安全图标,如图 6-7b 所示。

- search. php 是查询入侵事件的网页代码。
- unalarm. php 是解除报警代码，实现的功能就是将标志文件 flag_alarm 写入 0。
- video. html 是视频入侵报警系统的监控网页。

a)   b)

图 6-7　报警图标与安全图标

1. 监控网页 video. html

每隔 2 s 就调用 getFlag. php 读取标志文件 flag_alarm，当标志文件是 0 时，显示安全图标；当标志文件 flag_alarm 为 1 时，发出报警声音，并显示报警图标和抓拍图片。video. html 的完整代码如下。

```html
<!DOCTYPE html>
<head>
    <meta charset="utf-8">            <!--支持中文-->
    <title>视频入侵报警系统</title>       <!--浏览器标题-->
    <style>
      .td{
         display:flex;
         align-items:center;            <!--垂直居中-->
         justify-content:center;        <!--水平居中-->
      }
      img{                              <!--将图像宽度和高度分别设置为40像素-->
         width:40px;
         height:40px;
      }
    </style>
</head>
<body>
<table width="1024" height="600" border="1">
<!--表格宽度为1024个单元,高度为600个单元,border是定义边框的属性,即1px-->

    <tr>
      <td height="500" align="middle">
        <iframe src="http://192.168.3.15:8081" frameBorder="yes" width="650" height="490"
scrolling="no"></iframe>        //192.168.3.15是树莓派的IP地址
      </td>
    </tr>
<!--
//iframe 元素会创建包含另外一个文档的内联框架(即行内框架)
//src 参数的内容根据树莓 IP 地址和端口号进行修改
//frameBorder 规定是否显示框架周围的边框。yes 表示显示框架边框
//width="650"    height="490"定义 iframe 的高度和宽度
//scrolling 规定是否在 iframe 中显示滚动条,no 表示不显示滚动条
-->

    <!--ajax 支持库-->
    <script src="jquery-1.11.0.min.js"></script>

    <script type=text/javascript>
```

```
                //服务端 IP
                const HTTP_IP = "http://192.168.3.15/chapt6/";

                var getting = {
                  url : HTTP_IP + "getFlag.php",//获取标志位
                  dataTpye : "text",                    //dataTpye 的值为 text,结果直接显示后台返回的 json 字符串
                  type : "get",
                  success : function(result) {       //处理请求的返回结果
                    if(result! = "none") {
                      //<tr>存在则删除
                      if($("#alarm").length > 0) {
                        $("#alarm").remove();
                      }

                      //创建新的一行<tr>
                      $("table").append("<tr id='alarm' height='60'></tr>");
```

//参看服务端 getFlag.php 代码,data[0]是标志文件的内容
//通过 getFlag.php 获取标志文件,当树莓派的标志文件为 1 时,表示有人入侵
//显示报警图标和抓拍图片,发出报警声音,单击"消除报警"按钮即可取消报警并继续监测是否
//有人入侵

```
                      var data = result.split(",");
                      if(data[0].trim() = = "1") {
                        $("#alarm").append('<td><div class = "td">树莓派摄像头<audio src = "alarm.wav"
autoplay = "autoplay" loop></audio><img src = "alarm.jpg"></img><button type = "button" onclick =
"cancel(0)">消除警报</button></div></td>');
                      } else {
                        $("#alarm").append('<td><div class = "td">树莓派摄像头<img src = "ok.jpg" />
</div></td>');
                      }
                    }
                  },
                  error:function() {
                    console.log("error");
                  }
                };

/ * 2 s 请求一次 * /
window.setInterval(function() {$.ajax(getting)},2000);

/ * 取消报警 * /
function cancel(params) {
  var url = "unalarm.php";
  if(params = = 0) {
    url = "unalarm.php";
  }
  $.ajax({
```

```
                url : HTTP_IP + url,
                type : "get"
            } );
        }

    </script>


    </table>
    </body>
    </html>
```

2. 读取标志文件

读取标志文件的 getFlag. php 代码如下。

```php
<?php
    $flag_file = "flag_alarm";
    if( file_exists($flag_file)  ) {
        echo file_get_contents($flag_file) ;
    } else {
        echo "none" ;
    }
?>
```

3. 取消警报

取消报警代码 unalarm. php，实现的方法就是将 flag_alarm 标志文件置 0。

```php
<?php
    define('DT_ROOT', str_replace( "\\", '/', dirname( __FILE__ ) ) );
    $myfile = fopen( DT_ROOT. "/flag_alarm" , "w" ) or die( "Unable to open file!" );
    fwrite($myfile, "0" );
    fclose($myfile) ;
?>
```

各参数说明如下。

- fopen( )函数：PHP 中打开文件的函数，此函数的第一个参数含有要打开的文件名称，第二个参数规定了使用哪种模式来打开文件。$myfile = fopen(DT_ROOT. "flag_alarm" , "w")说明以可写入的模式打开 flag_alarm 文件。
- fwrite( )函数：用于将数据写入到文件，此函数的第一个参数为指定的文件名，第二个参数为指定写入的内容。fwrite($myfile, "0")表示将 0（取消报警）写入 myfile（标志文件 flag_alarm）。
- fclose( )函数：用于关闭一个打开的文件。

4. 数据库相关设置

要实现将入侵事件写入数据库，就需要对 motion 的配置文件写入数据库的参数，具体代码如下。

```
sql_log_movie on        # 启动将视频事件写入数据库的功能
sql_log_picture on      # 启动将图片事件写入数据库的功能
```

sql_query insert into security(camera, filename, frame, file_type, time_stamp, text_event) values('%t', '%f', '%q', '%n', '%Y-%m-%d %T', '%C')

#向表格插入数据,该表格是 6.2.1 节"数据库的配置"中事先建立的一个表格

#因此在修改的时候表格名称应该和之前建立的表格名称一致

database_type mariadb   # 指定数据库类型为 MariaDB 数据库

database_dbname spjk   # 指定要将数据写入的数据库名称

database_host localhost   # 数据库所在主机的 IP 地址,如果数据库就在树莓派本地,则填 localhost

#如果是远程网络上的数据库服务器,则需要填这个数据库服务器的 IP 地址

database_user xmcu   # 数据库账号

database_password xmcu# 数据库密码

database_port   3306   # MariaDB 数据库的默认端口为 3306

5. motion 入侵检测程序的运行配置文件 motion. conf

完整的 motion 运行配置文件/var/www/html/chapt6/motion. conf 代码如下。

说明: 下列配置文件中的 "#" 与 ";" 都代表注释。

```
#Documentation:motion 运行配置文件/var/www/html/chapt6/motion. conf
# ####################系统控制配置参数####################
daemon off                        # 以 daemon(后台)模式启动并释放终端
setup_mode off                    # 启动安装模式,守护程序禁用
; pid_file value                  # pid 文件的存储路径
; log_file value                  # 将日志消息写入其中的文件。如果没有定义,则使用 stderr 和 syslog
log_level 6
#日志消息级别[1 到 9] 分别为(EMG, ALR,CRT,ERR,WRN,NTC, INF, DBG, ALL)
target_dir /var/www/html/chapt6/motion    # 图片保存的路径,应先在 Web 对外服务目录下创建
video_device /dev/video0          # 用于捕获的摄像头设备(例如/dev/video0)
; vid_control_params value        # 控制视频设备的参数
;netcam_url value                 # 网络摄像机流的完整 URL
;mmalcam_name value               # 相机的名称(例如:vc. ril. camera for pi camera)
;mmalcam_control_params value     # 摄像头控制参数
# ####################图像处理配置参数####################
width 640                         # 图像的宽
height 480                        # 图像的高
framerate 30                      # 每秒捕获的最大帧数
stream_maxrate 60
stream_quality 60
text_left CAMERA1                 # 文字将被覆盖在图像的左下角
text_right %Y-%m-%d\n%T-%q        # 时间将被覆盖在图片的右下角
# ####################运动检测配置参数####################
emulate_motion off                # 表示开启当视频内容有变化时就抓拍图片的功能
threshold 1500                    # 触发运动的改变像素数的阈值,数值越低越灵敏,稍有变化就抓拍
; noise_level 32                  # 运动检测的噪声阈值
despeckle_filter EedDl            # 使用(E/ E)rode 或(D/ D)ilate 或(1)abel 对图像进行去斑点
minimum_motion_frames 1           # 必须包含动作以触发事件的图像数量
event_gap 3                       # 检测到触发事件结束的无动作间隔
pre_capture 3                     # 动作前预捕获(缓冲)图片的数量
post_capture 0                    # 不再检测运动后捕捉的帧数
# ####################执行配置参数####################
on_event_start    echo 1 > /var/www/html/chapt6/flag_alarm # 检测到入侵事件时将标志文件置 1
```

```
; on_event_end value              # 事件结束时执行的命令
; on_movie_end value              # 关闭视频文件时执行的命令
# #####################图片输出配置参数#########################
picture_output on                 # 当检测到图片内容有变化时抓拍,此项选择 on
picture_filename %Y%m%d%H%M%S-%q
#图片相对于目标目录的文件名(不含扩展名,指定以时间为文件名,时间格式为年月日时分秒)
# #####################视频输出配置参数#########################
movie_output on                   # 当检测到视频内容有变化时,抓拍视频
movie_max_time 60                 # 以秒为单位的最大长度
movie_quality 45                  # 视频编码质量(0=use bitrate,1=worst quality,100=best)
movie_codec mp4                   # 视频格式,详细看 motion_guide. html
movie_filename %t-%v-%Y%m%d%H%M%S
#相对于目标目录的视频文件名(没有扩展名)
# ####################Webcontrol 配置参数#######################
webcontrol_port 8080              # webcontrol 使用的端口号
webcontrol_localhost on
#限制只有本机才能控制摄像头,如果需要远程控制摄像头,这一选项须设为 off
webcontrol_parms 0                # 类型的配置选项允许通过 webcontrol
# ####################直播流配置参数###########################
stream_port 8081
#视频流的传送端口号
stream_localhost off
#允许通过网络查看摄像头的视频流,设置为 off 则不限制只能本机查看,远程也能查看视频流
# ####################数据库部分#############################
sql_log_movie on
#启动将视频事件写入数据库的功能
sql_log_picture on
#启动将图片事件写入数据库的功能
sql_query insert into security( camera, filename, frame, file_type, time_stamp, text_event) values('%t',
'%f', '%q', '%n', '%Y-%m-%d %T', '%C')
#向表格插入数据,该表格是在 6.2 节"数据库的配置"中事先建立的一个表格
#因此在修改的时候表格名称应该和之前建立的表格名称一致
####################数据库的选择######################
数据库内容应当和 6.2 节"数据库的配置"的内容一致,以便将采集到的数据存入数据库
database_type mariadb
#指定数据库类型,MariaDB 数据库和 MySQL 数据库是兼容的
#因此实际上使用的是 MariaDB 数据库
database_dbname spjk
#指定要将数据写入的数据库名称
database_host localhost
#数据库所在主机的 IP 地址,如果数据库就在树莓派本地,则填 localhost
#如果是远程网络上的数据库服务器,则需要填这个数据库服务器的 IP 地址
database_user xmcu
#数据库账号
database_password xmcu
#数据库密码
database_port 3306
#数据库端口
```

6. 启动视频入侵报警系统 motion

1）首先使用命令 sudo　mkdir　/var/www/html/chapt6/motion 创建目录，用于存放入侵照片和视频文件，然后启动 motion 入侵报警系统。

```
pi@raspberrypi：~ $ cd /var/www/html/chapt6
pi@raspberrypi：~ $ sudo　mkdir　/var/www/html/chapt6/motion
pi@raspberrypi：/var/www/html/chapt6 $ sudo motion_source/src/motion　-c motion.conf
［0：motion］［NTC］［ALL］conf_load：Processing thread 0 - config file motion.conf
［0：motion］［NTC］［ALL］motion_startup：Logging to file（/tmp/motion.log）
（解释：-c 表示指定配置文件）
```

2）在浏览器中输入 http：//192.168.3.15/chapt6/video.html，这里 192.168.3.15 是树莓派的 IP 地址。显示的正常视频监控画面如图 6-8 所示。

图 6-8　motion 正常的监控画面

但有人非法入侵时，监控界面 video.html 网页显示报警图标，并且发出报警声音，如图 6-9 所示。

图 6-9　有人非法入侵时的监控画面

　　入侵监控程序 motion 会将一些信息存放在/tmp/motion. log 日志文件中，当有人非法入侵时，日志文件显示抓拍图片并保存到事先建立的"/var/www/html/chapt6/motion/"目录下，而且将入侵事件信息写入数据库，/tmp/motion. log 日志文件的内容如下。

```
pi@raspberrypi:/tmp $ sudo cat /tmp/motion. log
[1:ml1] [NTC] [ALL] [3 月 30 17:32:9] motion_detected：检测到运动-起始事件 4
[1:ml1] [WRN] [DBL] [3 月 30 17:32:9] dbse_firstmotion：Ignoring empty sql query
[1:ml1] [DBG] [EVT] [3 月 30 17:32:9] exec_command：执行外部命令' echo 1 > /var/www/html/chapt6/flag_alarm'
[1:ml1] [INF] [EVT] [3 月 30 17:32:9] event_ffmpeg_newfile：来源 FPS 31
[1:ml1] [INF] [ENC] [3 月 30 17:32:9] ffmpeg_set_quality： libx264 编解码器 vbr / crf /位速率：28
[1:ml1] [DBG] [DBL] [3 月 30 17:32:9] dbse_exec_mariadb：执行 MariaDB 查询
[1:ml1] [NTC] [EVT] [3 月 30 17:32:9] event_newfile：将电影写入文件:/var/www/html/chapt6/motion/0-04-20220330173259. mp4
[1:ml1] [DBG] [DBL] [3 月 30 17:32:9] dbse_exec_mariadb：执行 MariaDB 查询
[1:ml1] [NTC] [EVT] [3 月 30 17:32:9] event_newfile：将图像写入文件:/var/www/html/chapt6/motion/20220330173259-04. jpg
[1:ml1] [DBG] [DBL] [3 月 30 17:32:9] dbse_exec_mariadb：执行 MariaDB 查询
[1:ml1] [NTC] [EVT] [3 月 30 17:32:9] event_newfile：将图像写入文件:/var/www/html/chapt6/motion/20220330173259-05. jpg
[1:ml1] [DBG] [DBL] [3 月 30 17:32:9] dbse_exec_mariadb：执行 MariaDB 查询
[1:ml1] [NTC] [EVT] [3 月 30 17:32:9] event_newfile：将图像写入文件:/var/www/html/chapt6/motion/20220330173259-06. jpg
[1:ml1] [DBG] [DBL] [3 月 30 17:32:9] dbse_exec_mariadb：执行 MariaDB 查询
[1:ml1] [NTC] [EVT] [3 月 30 17:32:9] event_newfile：将图像写入文件:/var/www/html/chapt6/motion/20220330173259-07. jpg
[1:ml1] [DBG] [DBL] [3 月 30 17:32:9] dbse_exec_mariadb：执行 MariaDB 查询
[1:ml1] [NTC] [EVT] [3 月 30 17:32:9] event_newfile：将图像写入文件:/var/www/html/chapt6/motion/20220330173259-08. jpg
[1:ml1] [DBG] [DBL] [3 月 30 17:32:9] dbse_exec_mariadb：执行 MariaDB 查询
[1:ml1] [NTC] [EVT] [3 月 30 17:32:9] event_newfile：将图像写入文件:/var/www/html/chapt6/motion/20220330173259-09. jpg
[1:ml1] [DBG] [DBL] [3 月 30 17:32:9] dbse_exec_mariadb：执行 MariaDB 查询
[1:ml1] [NTC] [EVT] [3 月 30 17:32:9] event_newfile：将图像写入文件:/var/www/html/chapt6/motion/20220330173259-10. jpg
[1:ml1] [DBG] [DBL] [3 月 30 17:32:9] dbse_exec_mariadb：执行 MariaDB 查询
[1:ml1] [NTC] [EVT] [3 月 30 17:32:9] event_newfile：将图像写入文件:/var/www/html/chapt6/motion/20220330173259-15. jpg
[1:ml1] [DBG] [DBL] [3 月 30 17:32:9] dbse_exec_mariadb：执行 MariaDB 查询
[1:ml1] [NTC] [EVT] [3 月 30 17:32:9] event_newfile：将图像写入文件:/var/www/html/chapt6/motion/20220330173259-16. jpg
[1:ml1] [WRN] [DBL] [3 月 30 17:33:9] dbse_fileclose：Ignoring empty sql query
[1:ml1] [DBG] [EVT] [3 月 30 17:33:9] event_closefile：已将电影保存到文件:/var/www/html/chapt6/motion/0-04-20220330173259. mp4
[1:ml1] [NTC] [ALL] [3 月 30 17:33:9] mlp_actions：事件 4 结束
pi@raspberrypi:/tmp $
```

6.2.5 入侵检测查询网页的编写

1. 登录数据库查看入侵信息

首先登录到树莓派的数据库，查看入侵数据是否已存入数据库中。

6.2.5 入侵检测查询网页的编写

pi@raspberrypi:~ $ mysql -uxmcu -pxmcu
（解释:该命令表示输入 xmcu 用户对应的密码进入数据库,虽然登录的是 MariaDB 数据库,但是因为 MySQL 数据库与 MariaDB 数据库兼容,因此连接命令还是使用 MySQL）

MariaDB[(none)] > use spjk;
（解释:选择 spjk 数据库）

MariaDB[spjk] > show tables;
（解释:查看 spjk 数据库内的表格,看是否有相关的入侵检测信息）

MariaDB[spjk] > select * from security;

```
+--------+------------------+-------+-----------+--------------+----------+
| camera | filename         | frame | file_type | time_stamp   | text_event |
+--------+------------------+-------+-----------+--------------+----------+
| 0 | /var/www/html/chapt6/motion/20220331174424-23.jpg |  23 |  1 | 2022-03-31 17:44:24 | 20220331174424 |
| 0 | /var/www/html/chapt6/motion/20220331174424-24.jpg |  24 |  1 | 2022-03-31 17:44:24 | 20220331174424 |
| 0 | /var/www/html/chapt6/motion/20220331174424-25.jpg |  25 |  1 | 2022-03-31 17:44:24 | 20220331174424 |
| 0 | /var/www/html/chapt6/motion/20220331174424-26.jpg |  26 |  1 | 2022-03-31 17:44:24 | 20220331174424 |
| 0 | /var/www/html/chapt6/motion/20220331174425-00.jpg |   0 |  1 | 2022-03-31 17:44:25 | 20220331174424 |
| 0 | /var/www/html/chapt6/motion/20220331174425-01.jpg |   1 |  1 | 2022-03-31 17:44:25 | 20220331174424 |
| 0 | /var/www/html/chapt6/motion/20220331174425-02.jpg |   2 |  1 | 2022-03-31 17:44:25 | 20220331174424 |
+--------+------------------+-------+-----------+--------------+----------+
```

MariaDB[spjk]>
（解释:查看 security 表格信息,如输出信息所示,motion 检测到图像变化后自动抓拍,并且把摄像头编号、图片文件名称及存放路径、帧数、文件类型、时间、事件等信息存入数据库）
MariaDB[spjk]>exit;
Bye
（解释:退出数据库）

2. 查询入侵检测网页的编写

入侵检测网页 search.php 的完整代码如下。

```
<!DOCTYPE HTML PUBLIC
```

```
"-//W3C//DTD HTML 4.01 Transitional//EN" "http://www.w3.org/TR/html401/loose.dtd">
<html>
<head>
<meta http-equiv="Content-Type" content="text/html; charset=utf-8">
<!--
//解释:meta 是 html 的元标签,其中包含对应 html 的相关信息
//客户端浏览器或服务端程序都会根据这些信息进行处理
//http 类型:这个网页是表现内容用的
//content(内容类型):这个网页的格式是文本的
//charset(编码):这个网页的编码是 utf-8,utf-8 编码支持中文
-->
<title>视频入侵报警系统</title>
<!--解释:<title>是用 HTML 语言制作网页时用来设置标题属性的-->
</head>
<body>
<pre>
<?php
        $connection =mysqli_connect("localhost","xmcu","xmcu","spjk");
//mysql_connect() 建立一个到数据库服务器的连接,localhost 是主机的 IP 地址,
//如果是远程服务器,则需要填 IP 地址,xmcu 是 MariaDB 数据库的用户名,
//xmcu 是 MariaDB 数据库的密码,spjk 是使用的数据库,端口号在这里没有写,则默认是 3306
        $result =mysqli_query ($connection,"select * from security");
//解释:选择数据库,mysql_query()向与指定的连接标识符$connection 关联的服务器中的当前活
//动数据库发送一条查询,如果没有指定 link_identifier,则使用上一个打开的连接。
//返回根据从结果集取得的行生成数组,如果没有更多行,则返回 FALSE

echo "<table border='2'>
//解释:table 代表表格,border=2 表示表格的边框线的粗细为 2 px(像素),
//整体意思是定义一个边框线为 2 px 的表格

<tr>                                //HTML 中<tr> 标签定义 HTML 表格中的行
<th>camera</th>                     //th 元素内部的文本通常会呈现为居中的粗体文本
<th>filename</th>
<th>frame</th>
<th>file_type</th>
<th>time_stamp</th>
<th>text_event</th>
</tr>";
while ($row =mysqli_fetch_array($result))
//解释:$row 获取的 SQL 查询语句的查询记录,每次取出查询记录的一行记录,
//显示后,继续显示下一条记录,以数组形式保存
{
echo "<tr>";
echo "<td>".$row[0]."</td>";        //摄像头编号
$str=substr($row[1],21);            //文件名称,21 是裁掉前 21 个字符"/var/www/html/chapt6/"
                                    //因为网页使用图片的相对路径
echo "<td><ahref=$str><img src=$str width=\"160\" height=\"120\"/></a></td>";
echo "<td>".$row[2]."</td>";        //帧数
echo "<td>".$row[3]."</td>";        //文件类型
```

```
echo "<td>". $row[4]. "</td>";      //时间
echo "<td>". $row[5]. "</td>";      //事件时间
echo "</tr>";
}
echo "</table>";
?>
</pre>
</body>
</html>
```

3. 检测

在局域网内任何一台计算机的浏览器中输入"http://192.168.3.15/chapt6/
search.php",这里 192.168.3.15 是树莓派的 IP 地址,可以查看到抓拍的入侵人员图片、事
件、时间等信息,如图 6-10 所示。

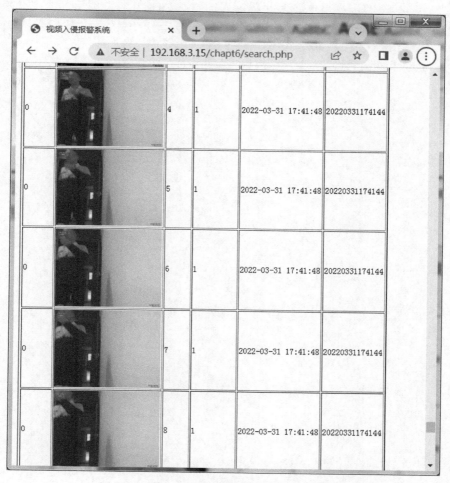

图 6-10 网页查询 motion 监控的入侵检测记录

6.3　本章小结

在本章中，学习了如何使用树莓派摄像头进行拍照与录像，学习安装 motion 入侵报警系统、修改运行配置文件以及将 motion 采集的数据存入数据库中，实现了视频入侵报警功能，发出报警声音，最后通过网页显示入侵事件的数据。

6.4　习题

根据本章内容，构建出一个含两个监控摄像头的视频入侵报警系统。

第 7 章　智能遥控车

随着智能手机的普及，基于低功耗蓝牙遥控的电子设备成为当前发展的热点，本章基于树莓派自带蓝牙 BLE 5.0 和手机 App，设计了智能遥控车，配有原理图、PCB 图以及实训电路板。电动机驱动芯片可以使用物美价廉、性能优异的国产驱动芯片 RZ7899。智能遥控车的整体设计框架如图 7-1 所示。

图 7-1　智能遥控车的整体设计框架

7.1　电动机驱动

7.1.1　RZ7899 电动机驱动芯片

RZ7899 是一款 DC 双向电动机驱动电路，适用于玩具类的电动机驱动、阀门驱动、电磁门锁驱动等。它有两个逻辑输入端子用来控制电动机前进、后退及制动。该芯片具有良好的抗干扰性，待机电流小，输出内阻低，同时，该芯片内置二极管，能释放感性负载的反向冲击电流。RZ7899 芯片框图如图 7-2 所示，引脚功能如表 7-1 所示，输入/输出真值表如表 7-2 所示。

RZ7899 芯片的主要参数如下。

- 待机电流：小于 2 μA。
- 工作电压：3.0~25 V。
- 紧急停止功能。
- 过热保护功能。
- 过流嵌流及短路保护功能。
- 封装外形：SOP8。

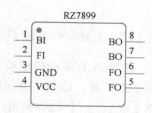

图 7-2　RZ7899 芯片框图

表 7-1   RZ7899 引脚功能

引　脚　号	名　　称	功　　能
1	BI	后退输入
2	FI	前进输入
3	GND	地
4	VCC	电源
5 和 6	FO	前进输出
7 和 8	BO	后退输出

表 7-2   RZ7899 输入/输出真值表

输　　入		输　　出	
2 脚（FI）	1 脚（BI）	5 和 6 脚（FO）	7 和 8 脚（BO）
H	L	H	L
L	H	L	H
H	H	L	L
L	L	open	open

RZ7899 芯片的电动机驱动电路如图 7-3 所示。

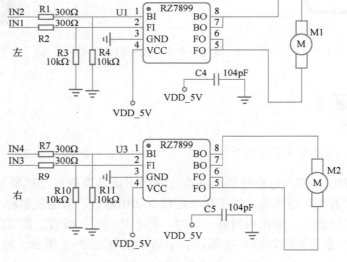

图 7-3   电动机驱动电路（RZ7899 芯片）

7.1.2   L298N 电动机驱动芯片

L298N 在电动机驱动芯片中使用广泛，因此这里也介绍 L298N 芯片，作为 RZ7899 芯片的备选芯片。L298N 内部集成了两个 H 桥电路，是电动机驱动的专用芯片，传输电流可高达 2.5 A，一个 L298N 可以分别控制两个直流电动机，还带有控制使能端，而且电路简单，可以直接用树莓派的 GPIO 口提供控制信号。图 7-4 所示为 L298N 电动机的功能逻辑图。

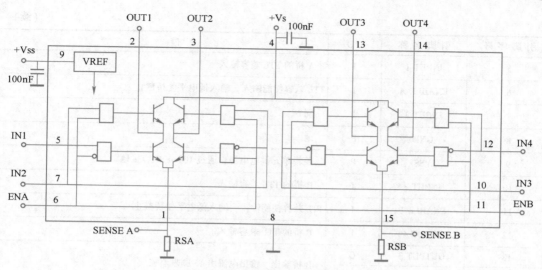

图 7-4　L298N 电动机的功能逻辑图

Vss 可接 4.5~7 V 的电压。4 脚 Vs 是驱动电动机的电源，Vs 电压范围为 2.5~46 V。输出电流可高达 2.5A，并且可驱动电感性负载。1 脚和 15 脚分别单独引出，以便接入电流采样电阻，形成电流传感信号。L298N 可驱动两个电动机。IN1、IN2 和 IN3、IN4，分别接来自树莓派的控制信号；OUT1、OUT2 和 OUT3、OUT4 之间分别接两个电动机，L298N 芯片采用比较常见的 Multiwatt15 封装。L298N 芯片引脚图如图 7-5 所示，其引脚功能如表 7-3 所示。

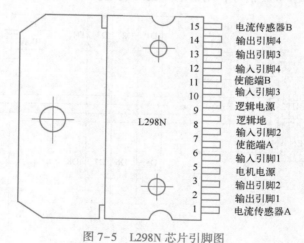

图 7-5　L298N 芯片引脚图

表 7-3　L298N 引脚功能

引 脚 序 号	引 脚 名 称	I/O	描　　述
1	SENSING A	I	在该脚和地之间接一个检测电阻，来控制负载电流
2	OUTPUT 1	O	A 桥输出，输出电流由 1 脚来监控
3	OUTPUT 2	O	
4	VS	P	为输出供电，通过一个无感电容器接地

(续)

引脚序号	引脚名称	I/O	描　　述
5	INPUT 1	I	A 桥的 TTL 兼容输入
6	ENABLE A	I	TTL 兼容使能输入，输入低电平使桥截止
7	INPUT 2	I	同 5
8	GND	P	地
9	VSS	P	逻辑单元供电电源，通过 100 nF 电容接地
10	INPUT 3	I	B 桥的 TTL 兼容输入
11	ENABLE B	I	TTL 兼容使能输入，输入低电平使桥截止
12	INPUT 4	I	B 桥的 TTL 兼容输入
13	OUTPUT 3	O	B 桥输出，输出电流由 15 脚来监控
14	OUTPUT 4	O	
15	SENSING B	I	同 1

　　L298N 典型电路如图 7-6 所示。4 脚 Vs 是提供给电动机工作的主要电源，这里选用的是蓄电池 5 V 供电，1 脚和 15 脚是输出电流反馈引脚，在通常情况下这两个引脚可以直接接地。L298N 的 9 脚 Vss 是供给内部逻辑电路工作的电源输入端，同样选用蓄电池 5 V 供电。5、7、10、12 脚接输入控制电平，控制电机的正转反转。EN A、EN B 接控制端，控制电动机的转和停，也可以接 PWM 信号，用于电动机的变速。

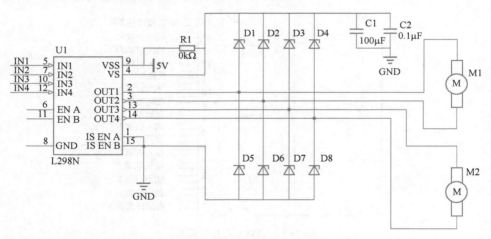

图 7-6　电动机驱动电路（L298N 芯片）

7.1.3　智能遥控车应用电路

　　以 FP6293 芯片作为 DC-DC 升压芯片，将锂电池 4.2 V 电压经过 FP6293 升压成 5 V，供电给树莓派和电动机。FP6293 芯片内置 0.14 Ω 的 MOSFET，调节效率高，升压电路如图 7-7 所示。

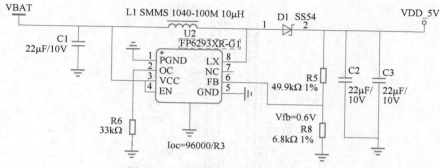

图 7-7　电源管理 DC-DC 升压电路

TP4056 是一款锂离子电池充电芯片，其底部带有散热片的 SOP8/MSOP8 封装与较少的外部元件数目使得 TP4056 成为便携式设备理想的充电芯片。由于采用了内部 PMOSFET 架构，加上防倒充电路，所以不需要外部隔离二极管。热反馈可对充电电流进行自动调节，以便在大功率操作或高环境温度条件下对芯片温度加以限制。充电电路如图 7-8 所示，将通过 USB 接口的 5 V 电压转换成给锂电池充电的 4.2 V 电压。

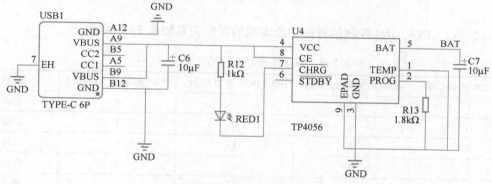

图 7-8　充电管理电路

电池接口电路如图 7-9 所示。

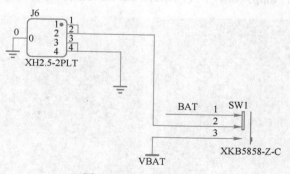

图 7-9　电池接口电路

树莓派的 BCM 引脚编号模式的第 12（BOARD 的第 32 引脚）、13 引脚（BOARD 的第 33 引脚）分别作为 IN2、IN1 的控制信号，控制左电动机 M1；树莓派的 BCM 引脚编号模式的第 20（BOARD 的第 38 引脚）、21 引脚（BOARD 的第 40 引脚）分别作为 IN4、IN3 的控制信号，控制右电动机 M2，控制电路如图 7-10 所示。

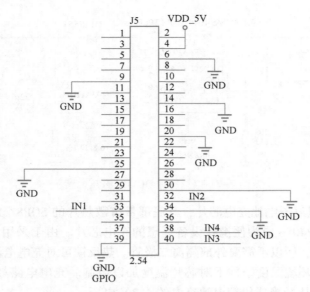

图 7-10　树莓派 GPIO 口控制电路

IN1、IN2、IN3、IN4 控制信号的功能实现的对应关系如表 7-4 所示。

表 7-4　控制信号 IN1、IN2、IN3、IN4

IN1（BCM 第 13 引脚）	IN2（BCM 第 12 引脚）	IN3（BCM 第 21 引脚）	IN4（BCM 第 20 引脚）	小车状态
1	0	1	0	前进
0	1	0	1	后退
0	1	1	0	左转
1	0	0	1	右转
0	0	0	0	停止

智能遥控车 PCB 的 top 层如图 7-11 所示，3D 表现图如图 7-12 所示。

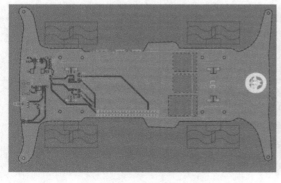

图 7-11　PCB 的 top 层

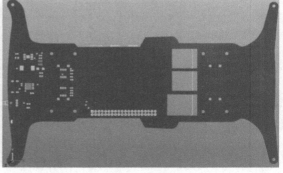

图 7-12　PCB 的 3D 表现图

智能遥控车实物图如图 7-13 所示。

也可以使用 L298N 的电动机驱动模块，外加 DC-DC 模块搭配车架使用。

图 7-13　智能遥控车实物图

7.2　安装和设置蓝牙控制相关库

要实现通过蓝牙控制遥控车，需要在树莓派上安装蓝牙控制相关的库文件，并将树莓派的 pi 用户加入到蓝牙组别中，同时启动蓝牙的 SPP 服务功能，树莓派重新启动后，蓝牙的相关配置和后台运行程序开始工作，蓝牙相关设置流程如图 7-14 所示。

图 7-14　智能遥控车蓝牙设置流程图

7.2.1　安装蓝牙相关软件包

树莓派蓝牙要正常运行，要先安装相应的软件包，代码如下。

```
pi@raspberrypi:~$sudo apt-get update
pi@raspberrypi:~$sudo apt-get upgrade -y
pi@raspberrypi:~$sudo apt-get dist-upgrade -y
pi@raspberrypi:~$sudo apt-get install pi-bluetooth bluez bluez-firmware blueman
```

7.2.2　蓝牙设置

1）添加 pi 用户到蓝牙组：只有将 pi 用户加入到蓝牙组 bluetooth，pi 用户才能有读取蓝牙串口权限。

```
pi@raspberrypi:~$sudo usermod -G bluetooth -a pi
```

2）启动/增加 SPP 服务：修改文件中的相应语句，SPP 服务能在蓝牙设备之间创建串口并进行数据传输。

```
pi@raspberrypi:~$sudo vi /etc/systemd/system/dbus-org. bluez. service
```

在 ExecStart =/usr/lib/Bluetooth/bluetoothd 后面添加-C，紧接着添加一行：ExecStartPost =/usr/bin/sdptool add SP。/etc/systemd/system/dbus-org. bluez. service 蓝牙配置文件的完整内容如下。

```
［Unit］
Description=Bluetooth service
Documentation=man:bluetoothd(8)
ConditionPathIsDirectory=/sys/class/bluetooth
［Service］
Type=dbus
BusName=org. bluez
ExecStart=/usr/lib/bluetooth/bluetoothd -C
ExecStartPost=/usr/bin/sdptool add SP
NotifyAccess=main
#WatchdogSec=10
#Restart=on-failure
CapabilityBoundingSet=CAP_NET_ADMIN CAP_NET_BIND_SERVICE
LimitNPROC=1
ProtectHome=true
ProtectSystem=full
WantedBy=bluetooth. target
Alias=dbus-org. bluez. service
```

3）重启树莓派：使蓝牙修改生效。

```
pi@raspberrypi:~$sudo    reboot
```

4）输入 hciconfig 命令（类似 ifconfig 命令）：查看蓝牙服务是否正常开启。

```
pi@raspberrypi:~ $ sudo hciconfig
hci0:Type:PrimaryBus:UART
    BDAddress:DC:A6:32:46:33:6CACLMTU:1021:8   SCOMTU:64:1
    UPRUNNINGPSCANISCAN
    RXbytes:1702 acl:0 sco:0 events:116 errors:0
    TXbytes:5325 acl:0 sco:0 commands:116 errors:0
```

说明：如果看到 hci0 设备，则表示蓝牙已经开启工作。如果没有如上输出，则说明没有识别到蓝牙设备，需要重新设置。

7. 2. 3　蓝牙串口的调试

7. 2. 3　蓝牙串口的调试

1）查看蓝牙的适配器提供的各种功能，代码如下。

```
pi@raspberrypi:~ $ sudo sdptool browse local
BrowsingFF:FF:FF:00:00:00 …
```

```
ServiceRecHandle: 0x10000
ServiceClassIDList:
    "PnPInformation" (0x1200)
ProfileDescriptorList:
    "PnPInformation" (0x1200)
Version: 0x0103
BrowsingFF:FF:FF:00:00:00 …
ServiceSearchfailed: Invalidargument
ServiceName: SerialPort
ServiceDescription: COMPort
ServiceProvider: BlueZ
ServiceRecHandle: 0x10001
ServiceClassIDList:
…       #中间内容省略
ServiceSearchfailed: Nodataavailable
ServiceName: NokiaOBEXPCSuiteServices
ServiceClassIDList:
UUID 128: 00005005-0000-1000-8000-0002ee000001
ProtocolDescriptorList:
Channel: 24
    "OBEX" (0x0008)
ProfileDescriptorList:
    "" (0x00005005-0000-1000-8000-0002ee000001)
Version: 0x0100
```

2) 开启蓝牙功能。打开树莓派的蓝牙模块并接收来自手机的蓝牙连接。整个过程
如下。

```
pi@raspberrypi:~$ sudo bluetoothctl        #进入蓝牙控制界面
Agent registered                           #进入[bluetooth]
[bluetooth]# agent on
#打开 agent 代理模式,允许接收来自外界(如手机)的蓝牙连接
Agent is already registered
[bluetooth]# default-agent
Default agent request successful
#在手机上的系统界面里打开蓝牙,寻找树梅派的蓝牙,点击连接树梅派的连接申请
[bluetooth]# scan on
Discovery started
[CHG] ControllerDC:A6:32:87:9C:33 Discovering: yes
[NEW] DeviceEC:FA:5C:71:E2:06 EC-FA-5C-71-E2-06
[NEW] DeviceED:41:14:57:54:48 ED-41-14-57-54-48
[NEW] Device 5A:60:43:E3:5E:3A 5A-60-43-E3-5E-3A
[NEW] Device 6D:D5:83:A0:D2:74 6D-D5-83-A0-D2-74
[NEW] DeviceE4:19:C1:A5:A9:F8 30
[bluetooth]# pairE4:19:C1:A5:A9:F8
# E4:19:C1:A5:A9:F8 为手机蓝牙地址,Android 手机可以在"设置"→"关于手机"→"状态信息"
# 中看到蓝牙地址。执行完指令后手机弹出配对提示
AttemptingtopairwithE4:19:C1:A5:A9:F8
[CHG] DeviceE4:19:C1:A5:A9:F8 Connected: yes
```

Requestconfirmation

[agent] Confirmpasskey 522922（yes/no）：yes　　　　　#输入 yes

[CHG] DeviceE4：19：C1：A5：A9：F8 Modalias：bluetooth：v010Fp107Ed1436

[CHG] DeviceE4：19：C1：A5：A9：F8 UUIDs：0000046a-0000-1000-8000-00805f9b34fb

[CHG] DeviceE4：19：C1：A5：A9：F8 Paired：yes

Pairingsuccessful

[bluetooth]# trustE4：19：C1：A5：A9：F8　　　　　#将手机的蓝牙地址添加到信任列表

[CHG] DeviceE4：19：C1：A5：A9：F8 Trusted：yes

ChangingE4：19：C1：A5：A9：F8 trustsucceeded

[bluetooth]# connectE4：19：C1：A5：A9：F8　　　　　#连接手机蓝牙设备

AttemptingtoconnecttoE4：19：C1：A5：A9：F8

[CHG] DeviceE4：19：C1：A5：A9：F8 Connected：yes

Connectionsuccessful

[CHG] DeviceE4：19：C1：A5：A9：F8 ServicesResolved：yes

[CHG] DeviceE4：19：C1：A5：A9：F8 UUIDs：0000046a-0000-1000-8000-00805f9b34fb

[HUAWEI Mate 30]# exit　　#退出

3）树莓派的蓝牙默认是不可见的，即手机搜索不到，这时候通过 VNC 登录到树莓派图形界面，打开蓝牙，保持开启功能，如图 7-15 所示，依次单击图中①②③④，开启蓝牙的可见功能为"Always visible"。

图 7-15　蓝牙设置界面

7.3　智能遥控车的控制

7.3.1　智能遥控车的装配

智能遥控车的 PCB 上 40 个双排引脚和树莓派的 GPIO 引脚对应连接，如图 7-16 所示；使用 3M 胶将锂电池贴于 PCB 的背部，如图 7-17 所示。

图 7-16　智能遥控车与树莓派装配图　　　　　图 7-17　电池安装位置

短按电源键进行设备开机，开关位置如图 7-18 所示。

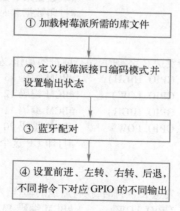

图 7-18　智能遥控车开关位置

7.3.2　电动机驱动程序的编写

电动机驱动程序的流程图如图 7-19 所示。

图 7-19　电动机驱动程序的流程图

创建本节路径目录为/home/pi/lesson/chapt7。car.py 程序是接收手机通过蓝牙模块发来的控制指令，树莓派根据控制信号输出给 12、13、20、21 这 4 个 BCM 编码引脚的控制电平，根据控制电平的高低组合来控制智能遥控车的运动。

```
pi@raspberrypi:~$mkdir   /home/pi/lesson/chapt7/
pi@raspberrypi:~$ cd   /home/pi/lesson/chapt7/
pi@raspberrypi:~/lesson/chapt7$ vi   car.py
```

cat. py 的完整源代码如下。

```python
#!/usr/bin/python
# -*- coding:utf-8 -*-
import   serial                                    #加载串口模块
import   os                                        #导入 os 模块
import   RPi. GPIO as GPIO                          #导入树莓派 GPIO 模块
import   time                                       #导入时间模块
GPIO. setmode( GPIO. BCM)                            #定义树莓派的 GPIO 口味 BCM 编码模式
                                                     #初始化控制引脚

IN1 = 13        #定义 BCM 编码 13 引脚是控制左电动机接口的前进,IN1 = 1,IN2 = 0
IN2 = 12        #定义 BCM 编码 12 引脚是控制左电动机接口的后退,IN1 = 0,IN2 = 1
IN3 = 21        #定义 BCM 编码 21 引脚是控制右电动机接口的前进,IN3 = 0,IN4 = 0
IN4 = 20        #定义 BCM 编码 20 引脚是控制右电动机接口的后退,IN3 = 0,IN4 = 1
GPIO. setup( IN1, GPIO. OUT)                         #设置树莓派 GPIO 口为输出
GPIO. setup( IN2, GPIO. OUT)                         #设置树莓派 GPIO 口为输出
GPIO. setup( IN3, GPIO. OUT)                         #设置树莓派 GPIO 口为输出
GPIO. setup( IN4, GPIO. OUT)                         #设置树莓派 GPIO 口为输出
os. system( "echo \"discoverable   on\" | bluetoothctl" )    #打开蓝牙,接收来手机的控制指令


BT = serial. Serial( "/dev/rfcomm0" ,115200)        #定义树莓派蓝牙模块的波特率和对应的串口名称
print('serialteststart ...')                        #打印串口信息
BT. flushInput( )                                    #清除蓝牙缓存
while True:
    n = BT. read( )                                  #serial 包的用法 读取串口的一行数据
    data_init = str( n)                              #把读取的数据转换成字符串
    data = data_init[2:3]                            #取数据第 2 数据 data 变量
    print( data)                                     #打印数据和时间

    if data = = "G" :
#当手机蓝牙向树莓派蓝牙发送 G 字符时,执行前进的动作,左右两个电动机都正转前进
        GPIO. output( IN1, GPIO. HIGH)               #BCM 编码 13 引脚输出高电平
        GPIO. output( IN2, GPIO. LOW)                #BCM 编码 12 引脚输出低电平
        GPIO. output( IN3, GPIO. HIGH)               #BCM 编码 21 引脚输出高电平
        GPIO. output( IN4, GPIO. LOW)                #BCM 编码 20 引脚输出低电平
        print( "UP" )                                #打印 UP 这个值


    if data = = "K" :
#当手机蓝牙向树莓派蓝牙发送 K 字符时,执行后退的动作,左右两个电动机都反转前进
        GPIO. output( IN1, GPIO. LOW)                #BCM 编码 13 引脚输出低电平
        GPIO. output( IN2, GPIO. HIGH)               #BCM 编码 12 引脚输出高电平
        GPIO. output( IN3, GPIO. LOW)                #BCM 编码 21 引脚输出低电平
        GPIO. output( IN4, GPIO. HIGH)               #BCM 编码 20 引脚输出高电平
        print( "DOWN" )                              #打印 DOWN 这个值


    if data = = "H" :
#当手机蓝牙向树莓派蓝牙发送 H 字符时,执行左转的动作,左电动机反转,右电动机正转
        GPIO. output( IN1, GPIO. LOW)                #BCM 编码 13 引脚输出低电平
        GPIO. output( IN2, GPIO. HIGH)               #BCM 编码 12 引脚输出高电平
```

```
        GPIO. output(IN3,GPIO. HIGH)            #BCM 编码 21 引脚输出高电平
        GPIO. output(IN4,GPIO. LOW)             #BCM 编码 20 引脚输出低电平
        print("LEFT")                           #打印 LEFT 这个值

    if data=="I":
    #当手机蓝牙向树莓派蓝牙发送 I 字符时,执行停止的动作,左右两个电动机都停止转动
        GPIO. output(IN1,GPIO. LOW)             #BCM 编码 13 引脚输出低电平
        GPIO. output(IN2,GPIO. LOW)             #BCM 编码 12 引脚输出低电平
        GPIO. output(IN3,GPIO. LOW)             #BCM 编码 21 引脚输出低电平
        GPIO. output(IN4,GPIO. LOW)             #BCM 编码 20 引脚输出低电平
        print("OK,STOP!")                       #打印 STOP!这个值

    if data=="J":
    #当手机蓝牙向树莓派蓝牙发送 J 字符时,执行右转的动作,左电动机正转,右电动机反转
        GPIO. output(IN1,GPIO. HIGH)            #BCM 编码 13 引脚输出高电平
        GPIO. output(IN2,GPIO. LOW)             #BCM 编码 12 引脚输出低电平
        GPIO. output(IN3,GPIO. LOW)             #BCM 编码 21 引脚输出低电平
        GPIO. output(IN4,GPIO. HIGH)            #BCM 编码 20 引脚输出高电平
        print("RIGHT")                          #打印 RIGHT 这个值
    BT. flushInput()                            #清除蓝牙缓存
```

在/etc/rc. local 文件下增加智能遥控车控制 car. py 的指令，使树莓派一开机就运行 car. py，接收来自手机的控制信号。

```
pi@raspberrypi: ~ $ sudo vi   /etc/rc. local
```

增加执行 python 的控制代码"rfcomm watch hci0 1 /bin/python3 /home/pi/lesson/chapt7/car. py"。

```
#!/bin/sh -e
# rc. local
# This script is executed at the end of each multiuser runlevel.
# Make sure that the script will "exit 0" on success or any other
# value on error.
# In order to enable or disable this script just change the execution
# bits.
# By default this script does nothing.
#print the IP address
_IP=$(hostname - I) || true
If ["$_IP"]; then
    Print  "My IP address is %s\n""$_IP"
fi
rfcomm watch hci0 1   /bin/python3 /home/pi/lesson/chapt7/car. py    #执行 Python 的控制脚本
exit 0
```

7.3.3　手机控制 App 的安装

手机作为控制器，需要安装相应的 App，才能通过蓝牙向树莓派发送控制指令，搜索并安装"蓝牙调试器"App，如图 7-20 所示。

7.3.3　手机控制 App 的安装

图 7-20　搜索并安装"蓝牙调试器"App

7.3.4　控制设置

1）启动"蓝牙调试器"App 后，单击树莓派右边的加号，如图 7-21a 所示，连接树莓派的蓝牙；单击图 7-21b 所示的"按钮控制"，进入按钮控制界面。

a)

b)

图 7-21　蓝牙连接

　　2）打开"编辑模式"，如图 7-22a 所示，将"UP"按钮改成中文的"前进"，如图 7-22b 所示。

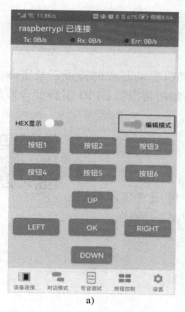

图 7-22　按键设置

　　3）按键设置完毕后，关闭"编辑模式"，如图 7-23 所示。

图 7-23　关闭"编辑模式"

　　完成了智能遥控车的硬件制作和软件设置后，在"蓝牙调试器"App 界面上，单击对应的控制按键就可以控制小车的前进、后退、左转、右转和停止操作。

7.4　本章小结

　　本章学习了蓝牙相关知识，了解 RZ7899 电动机驱动芯片的特点以及实际应用的相关电路知识。结合第 4 章的相关知识，应用 Python 控制树莓派的 GPIO 引脚配合蓝牙调试 App 来控制智能遥控车的运动。

7.5　习题

7.5　习题——
手机遥控灯

　　根据 7.3.2 中电动机驱动程序的相关内容，使用"蓝牙调试器"App 的控制功能，编写一个控制 LED 灯的 Python 程序。

第8章 基于人脸识别的考勤系统

OpenCV 是一个开源的跨平台计算机视觉和机器学习软件库，提供了 Python 语言接口，能实现图像处理和计算机视觉方面的很多通用算法。本章利用 OpenCV 搭建一个人脸识别考勤系统，对人脸数据进行采集、抽取特征、训练模型，最后实现人脸识别考勤功能，将信息存入数据库，并通过网页远程访问考勤信息。

8.1 安装 OpenCV

8.1.1 OpenCV 相关软件安装

1. 安装前准备

1）在安装 OpenCV 前，需要在树莓派上对文件系统进行拓展。树莓派系统默认不会使用全部的 SD 卡空间，这样就造成空间浪费，如果需要存储一些大文件也会受到限制。扩展文件系统空间后，会把根分区扩展到整个 SD 卡，最大效率地使用 SD 卡上的空间。

> pi@raspberrypi:~/lesson/chapt8$ sudo raspi-config
> （解释：raspi-config 是树莓派官方 Raspbian 镜像自带的一个系统配置工具）

2）按图 8-1a~d 所示依次设置，选择 "Advanced Options"（高级选项）→ "Expand Filesystem"（扩展文件系统）命令，最后进行重启即可。

3）重启后更新系统。

> pi@raspberrypi:~/lesson/chapt8 $ sudo apt-get update
> （解释：update 是同步 /etc/apt/sources. list 和 /etc/apt/sources. list. d 中列出的源的索引，这样才能获取到最新的软件包）
> pi@raspberrypi:~/lesson/chapt8 $ sudo apt-get upgrade
> （解释：upgrade 是根据 update 命令下载的 metadata 决定要更新的包，同时获取每个包的最新位置）

2. 安装相关的软件

1）安装 GTK 2.0 图形工具包。

> pi@raspberrypi:~/lesson/chapt8 $ sudo apt-get install libgtk2.0-dev -y
> （解释：GTK 是一套用于创建图形用户界面的工具包，是提供面向对象的应用程序接口（API），-y 的意思就是无须询问是否安装，直接安装）

2）安装数值优化函数包。

> pi@raspberrypi:~/lesson/chapt8 $ sudo apt-get install libatlas-base-dev gfortran -y

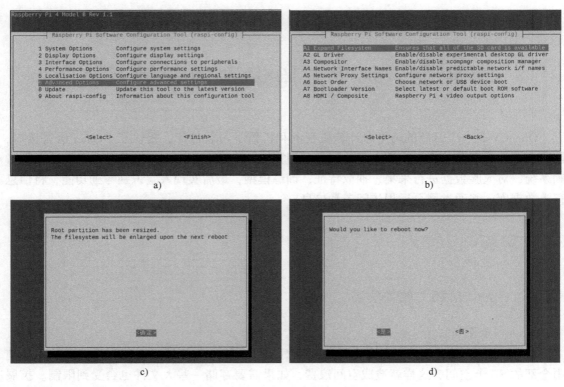

图 8-1　树莓派扩展文件系统

3. 安装相关的依赖环境

1）在这之前要确保树莓派已经安装了 pip3，如果没安装，可以使用以下命令安装 pip3。

```
pi@raspberrypi:~/lesson/chapt8 $ sudo apt-get install python3-pip
```

完成之后，输入"pip3 -V"命令查看 pip3 的版本，如果正常显示 pip3 的版本，说明已经成功安装。

```
pi@raspberrypi:~ $ pip3 -V
pip 22.0.3 from /usr/local/lib/python3.9/dist-packages/pip（python 3.9）
（解释：输出内容可以看到 pip3 的版本为 22.0.3，表示 pip3 已经正常安装）
```

2）安装 NumPy。NumPy（Numerical Python）是 Python 语言的一个扩展程序库，支持大量的维度数组与矩阵运算。此外，针对数组运算，Python 也提供了大量的数学函数库。

```
pi@raspberrypi:~/lesson/chapt8 $ pip3 install numpy
```

3）安装 CMake 开发工具。

```
pi@raspberrypi:~/lesson/chapt8 $ sudo apt-get install build-essential git cmake pkg-config-y
```

4）安装 jpeg 图像工具包。

```
pi@raspberrypi:~/lesson/chapt8 $ sudo apt-get install libjpeg9-dev -y
```

5）安装 tif 图像工具包。

```
pi@raspberrypi:~/lesson/chapt8 $ sudo apt-get install libtiff5-dev -y
```

6）安装 JPEG-2000 图像工具包。

```
pi@raspberrypi:~/lesson/chapt8 $ sudo apt-get install libjasper-dev -y
```

7）安装 png 图像工具包。

```
pi@raspberrypi:~/lesson/chapt8 $ sudo apt-get install libpng-dev -y
pi@raspberrypi:~/lesson/chapt8 $ sudo apt-get install libavcodec-dev  \
libavformat-dev libswscale-dev libv4l-dev -y
```
（注意："v4l"中 4 后面的是英文字母"l"，而不是数字。"\"代表换行输入，当命令太长时可以使用该方法，但是这个命令还是一行）

8）安装 sklearn。sklearn 是 scikit-learn 的简称，它是在 Numpy 和 Scipy 的基础上开发的，是一个基于 Python 的第三方模块。

```
pi@raspberrypi:~/lesson/chapt8/OpenCV-face-recognition$ pip3 install scikit-learn
```

9）安装 pymysql。pymysql 是 Python 在操作数据库时最常用的第三方库。

```
pi@raspberrypi:~/lesson/chapt8/OpenCV-face-recognition$ pip3 install pymysql
pi@raspberrypi:~/lesson/chapt8/OpenCV-face-recognition$ pip3 install imutils
```

8.1.2　安装 OpenCV-python

在完成了 OpenCV 安装之后，再安装 OpenCV 的 Python 语言支持库。

1）使用 pip 安装 OpenCV。

```
pi@raspberrypi:~/lesson/chapt8 $ pip3 install OpenCV-python==4.5.3.56
```

2）如果要卸载当前 OpenCV 版本，使用以下命令。

```
pi@raspberrypi:~/lesson/chapt8 $ pip3 uninstall OpenCV-python
```

3）安装完 OpenCV-python 后要检查安装是否成功，在终端使用命令，进入 Python3 环境，当看到 ">>>" 符号时，输入 import cv2。对于 Python 而言，在引用 OpenCV 库的时候需要写为 "import cv2"。其中，cv2 是 OpenCV 的 C++命名空间名称，表示调用的是 C++开发的 OpenCV 的接口。此时可以使用命令 print（cv2.__version__）查看 OpenCV 安装的版本号。如果正确显示了版本号，则表示 OpenCV-python 安装成功。

```
pi@raspberrypi:~ $ python3
Python 3.9.2 (default, Mar 12 2021, 04:06:34)
[GCC 10.2.1 20210110] on linux
Type "help", "copyright", "credits" or "license" for more information.
>>> import cv2
>>> print(cv2.__version__)
4.5.3
>>> quit()
```

pi@raspberrypi:~ $

8.2 人脸识别

8.2 人脸识别

人脸识别流程图如图 8-2 所示，可以分为 4 步：①人脸图像
采集；②对采集到的图像进行特征抽取，抽取出不同人脸的特征，该步会产生一个人脸特征
文件 embeddings. pickle；③训练人脸模型，根据②获取的人脸特征进行训练，同时会产生一
个人脸识别模型文件，recognizer. pickle 和标签文件 le. pickle；④根据③训练的人脸模型进行
人脸识别。

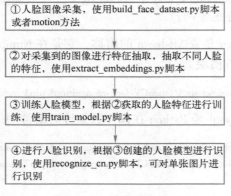

①人脸图像采集，使用build_face_dataset.py脚本
或者motion方法

②对采集到的图像进行特征抽取，抽取不同人脸
的特征，使用extract_embeddings.py脚本

③训练人脸模型，根据②获取的人脸特征进行训
练，使用train_model.py脚本

④进行人脸识别，根据③创建的人脸模型进行识
别，使用recognize_cn.py脚本，可对单张图片进
行识别

图 8-2　人脸识别流程图

使用本书配套的源代码包文件 OpenCV-face-recognition. tar，将其复制到树莓派/home/
pi/lesson/chapt8/目录下，该文件里面有训练好的模型及完整开源项目的 Python 代码，笔者
在开源代码的基础上进行了修改。

```
pi@raspberrypi:~ $ cd   /home/pi/lesson/chapt8/OpenCV-face-recognition
（解释：进到本章目录/home/pi/lesson/chapt8/OpenCV-face-recognition/下）

pi@raspberrypi:~/lesson/chapt8/OpenCV-face-recognition $ tree -L 2
.
├── 1_dataset
│   ├── 南辉
│   ├── 志金
│   ├── build_face_dataset. py
│   └── haarcascade_frontalface_default. xml
├── 2_extract_embedding
│   └── extract_embeddings. py
├── 3_model
│   ├── embeddings. pickle
│   ├── le. pickle
│   ├── recognizer. pickle
│   └── train_model. py
├── face_detection_model
```

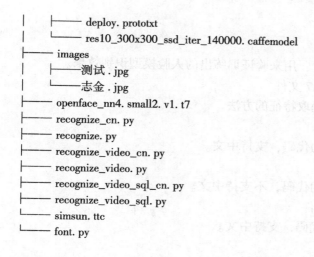

```
|       ├────── deploy. prototxt
|       └────── res10_300x300_ssd_iter_140000. caffemodel
├────── images
|       ├────── 测试 . jpg
|       └────── 志金 . jpg
├────── openface_nn4. small2. v1. t7
├────── recognize_cn. py
├────── recognize. py
├────── recognize_video_cn. py
├────── recognize_video. py
├────── recognize_video_sql_cn. py
├────── recognize_video_sql. py
└────── simsun. ttc
└────── font. py
```

7 directories，19 files
（解释：tree -L 2 表示以树状结构查看 2 层目录下内容）

相关目录及文件的功能如下。

（1）1_dataset 目录

该目录下存放的是人脸的图片、人脸图片采集的 Python 代码以及分类器模型。存放人脸的文件夹以人名为目录，例如 "南辉" 目录下存放的都是南辉人脸的图片，每个人都以自己的名字为目录名称，建议在此目录下创建两个及两个以上的人脸文件夹目录，并存放对应的人脸图片。

- build_face_dataset. py 文件：主要用于人脸的图片采集。
- haarcascade_frontalface_default. xml 文件：是 haar 分类器的一个模型。所谓分类器，在这里就是指对人脸和非人脸进行分类的算法，在机器学习领域，很多算法都是对事物进行分类、聚类的过程。

（2）2_extract_embedding 目录

该目录下存放的是提取人脸的面部特征的文件 extract_embeddings. py。

（3）3_model 目录

该目录下存放的是项目过程中的文件。

- embeddings. pickle 文件：是面部特征文件，运行 extract_embeddings. py 才会产生人脸特征文件。
- le. pickle 是标签编码器，姓名标签文件，这是根据人脸特征进行人脸模型训练后产生的文件。
- reognizer. pickle 文件：是人脸模型训练后产生的不同人脸的人脸识别模型文件。
- train_model. py 文件：是训练模型的文件。

（4）face_detection_model 目录

该目录下存放的是人脸检测模型。

- deploy. prototxt 文件：指定了抽取人脸的网络层模型的构造。
- res10_300x300_ssd_iter_140000. caffemodel 文件：是 SSD 人脸检测器，基于深度学习框架 Caffe 训练的，说明该模型仅用来检测图片的某块区域是人脸，而不是用来识别人脸是谁的分类模型。

（5）images 目录

目录下存放的是待检测的图片，用来验证训练出的人脸模型识别效果。

（6）openface_nn4. small2. v1. t7 文件

该文件是人脸模型从人脸中提取特征的方法。

（7）recognize_cn. py 文件

该文件是人脸检测单张图片的代码，支持中文。

（8）recognize. py 文件

该文件是人脸检测单张图片的代码，不支持中文。

（9）recognize_video_cn. py 文件

该文件是视频流人脸检测的代码，支持中文。

（10）recognize_video. py 文件

该文件是视频流人脸检测的代码，不支持中文。

（11）recognize_video_sql_cn. py 文件

该文件是视频流进行人脸识别并显示中文名字和概率，通过数据库保存检测到的人脸数据的代码。

（12）recognize_video_sql. py 文件

该文件是视频流进行人脸识别并显示英文名字和概率，并通过数据库保存检测到的人脸数据的代码。

（13）simsun. ttc 文件

该文件是中文字体文件，在人脸识别的过程中，当识别到对象的时候要显示名字，这个名字要用中文显示出来，就要用到此字体文件。

8.2.1 人脸图像采集

在进行人脸识别之前，第一步是对要检测的人脸图像进行采集。

1）进入 build_face_dataset. py 文件所在的目录。

```
pi@raspberrypi:~/lesson/chapt8/OpenCV-face-recognition $ cd 1_dataset/
（解释:进到 1_dataset 目录下,在该目录下进行人脸图像的采集）

pi@raspberrypi:~/lesson/chapt8/OpenCV-face-recognition/1_dataset $ ls -l
总用量 924
drwxr-xr-x2 pi pi    4096      8 月 19 17:23 南辉
drwxr-xr-x2 pi pi    4096      8 月 19 22:51 志金
-rw-r--r--1 pi pi    2181      4 月   27 13:40     build_face_dataset. py
-rw-r--r-- 1 pi pi   930127    4 月   25 2020      haarcascade_frontalface_default. xml
```

2）人脸图像采集文件 build_face_dataset. py 的完整代码如下。

```
#build_face_dataset. py 的使用方法
# python3 build_face_dataset. py \
# --cascadehaarcascade_frontalface_default. xml \
# --output   南辉
```

```python
# 导入几个必要的包
from imutils. video import VideoStream
# 使用 imutils 包的 VideoStream 读取视频流,提高帧率
import numpy as np
# Numpy 库完成基础数值计算
import argparse
# argsparse 是 Python 的命令行解析的标准模块,内置于 Python,不需要安装
import imutils
# imutils 是一个 Python 工具包,主要用来进行图形图像的处理,需要事先安装好该模块
import time
# 导入时间模块
import cv2
# cv2 就是 OpenCV2,为了在 Python 中调用 OpenCV
import os
# 导入 os 模块到当前程序


# 构造参数解析器并解析参数
ap = argparse. ArgumentParser( )
ap. add_argument( "-c" , "--cascade" , required=True,
    help = "path to where the face cascade resides" )
ap. add_argument( "-o" , "--output" , required=True,
    help = "path to output directory" )
args = vars( ap. parse_args( ) )


# 加载 OpenCV 的 Haar 级联人脸检测
detector = cv2. CascadeClassifier( args[ "cascade" ] )


# 初始化视频流,摄像头启动
print( "[ INFO ] starting video stream..." )
vs = VideoStream( src = 0). start( )
# vs = VideoStream( usePiCamera = True). start( )
time. sleep( 2. 0)
total = 0


#循环视频流的帧
while True:
    # 从线程视频流中抓取帧,然后调整帧的大小,以便可以更快地进行人脸检测
    frame = vs. read( )
    orig = frame. copy( )
    frame = imutils. resize( frame, width = 400)
    # 在灰度框架中检测人脸
    rects = detector. detectMultiScale(
        cv2. cvtColor( frame, cv2. COLOR_BGR2GRAY), scaleFactor = 1. 1,
        minNeighbors = 5, minSize = ( 30, 30))
    # 循环面部检测并将其绘制在框架上
    for ( x, y, w, h) in rects:
        cv2. rectangle( frame, ( x, y), ( x + w, y + h), ( 0, 255, 0), 2)


# 显示输出
```

```
            cv2. imshow("Frame", frame)
            key = cv2. waitKey(1) & 0xFF
            # 如果在键盘上按下了〈K〉键,将拍摄一张图片
            if key == ord("k"):
                p = os. path. sep. join([args["output"], "{}. png". format(
                    str(total). zfill(5))])
                cv2. imwrite(p, orig)
                total += 1
            # 如果按下了〈Q〉键,则中断循环,退出人脸采集
            elif key == ord("q"):
                break
    # 在终端打印出保存总的图片数量
    print("[INFO] {} face images stored". format(total))
    print("[INFO] cleaning up...")
    cv2. destroyAllWindows()
    vs. stop()
```

3)启动 build_face_dataset. py,采集人脸图像。

build_face_dataset. py 是用于采集人脸图像的文件,各参数说明如下。

--cascade 参数后跟的是人脸分类器模型。

haarcascade_frontalface_default. xml 是人脸分类器模型。

--output 参数后是采集到的人脸图像的保存目录。

```
pi@raspberrypi:~ $ cd /home/pi/lesson/chapt8/OpenCV-face-recognition/1_dataset/
pi@raspberrypi:~/lesson/chapt8/OpenCV-face-recognition/1_dataset$ mkdir 南辉
```

运行采集人脸图像的程序:

```
pi@raspberrypi:~/lesson/chapt8/OpenCV-face-recognition/1_dataset$ python3 build_face_dataset. py \
--cascade haarcascade_frontalface_default. xml \
--output 南辉/
```

首先创建保存人脸图像的目录,这里以人名"南辉"命名。该文件名使用中文主要是为了后面进行人脸识别过程中,可以将识别到的人脸也通过中文显示出来。当启动程序后,可以看到有一个画框,将人脸对准这个画框内绿色的部分,如图 8-3 所示,此时按一下〈K〉键,即可拍摄人脸。采集完后,按下〈Q〉键,即可退出人脸图像的采集。

4)采集完成后,在相应人名目录下即可看到采集的图像,如图 8-4 所示。人脸图像的采集尽量在 100~200 张之间,后续进行识别的准确率才会更高。

也可以使用第 6 章的 motion 进行人脸采集,将采集到的人脸图像复制到"/home/pi/lesson/chapt8/OpenCV-face-recognition/1_dataset/南辉/"目录。该方法相对较快,采集的图像较多,有助于提高后面训练的准确性。以下是使用 motion 采集人脸图像的简单介绍,具体操作参考第 6 章内容。

```
pi@raspberrypi:~ $ cd   /home/pi/lesson/chapt6
(解释:首先进入到第 6 章的 data 目录)
pi@raspberrypi:~/lesson/chapt6/motion/data $ sudo motion -c motion-dist. conf
(解释:使用以上代码启动 motion,-c 表示指定配置文件。motion 启动后,头部要上下左右偏转一下,以便提高识别度)
pi@raspberrypi:~/lesson/chapt8/ $ cd /var/www/html/motion/
```

（解释：进到 motion 采集存放图片的目录下）

pi@raspberrypi:~/var/www/html/motion $ sudo cp　*.jpg　/home/pi/lesson/chapt8/OpenCV-face-recognition/1_dataset/南辉/

（解释：使用命令 cp 将扩展名为 .jpg 的所有图片文件都复制到/home/pi/lesson/chapt8/OpenCV-face-recognition/1_dataset/南辉/目录下，进入人脸目录并剔除一些不合适的人脸图片）

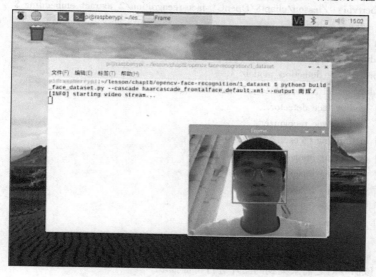

图 8-3　人脸图像采集

图 8-4　人脸图像采集存放路径

8.2.2　抽取特征

人脸识别的第二步就是要对采集到的图片进行特征抽取，具体步骤如下。

1）进到/home/pi/lesson/chapt8/OpenCV-face-recognition/2_extract_embedding 目录下，抽取人脸特征使用的是 extract_embeddings.py，这里使用了 embeddings.pickle 面部嵌入文件、openface_nn4.small2.v1.t7 神经网络模型。

2）启动命令后即可对采集的图片进行特征抽取，具体命令如下。

```
pi@raspberrypi:~ $ cd   /home/pi/lesson/chapt8/OpenCV-face-recognition/2_extract_embedding
（解释：进入目录）

pi@raspberrypi:~/lesson/chapt8/OpenCV-face-recognition/2_extract_embedding $
python3 extract_embeddings.py\
--dataset ../1_dataset/ \
--embeddings ../3_model/embeddings.pickle \
--detector ../face_detection_model/ \
--embedding-model ../openface_nn4.small2.v1.t7
[INFO] loading face detector...
[INFO] loading face recognizer...
[INFO] quantifying faces...
[INFO] processing image 1/158
[INFO] processing image 2/158
[INFO] processing image 3/158
[INFO] processing image 4/158
[INFO] processing image 5/158
……
[INFO] serializing 158 encodings...
（解释：该命令对之前采集到的图片进行特征抽取。
--dataset 参数后的内容为人脸图片目录。
--embeddings 参数后的内容为将抽取出的人脸特征文件要放的位置，这里指定放在 3_model 目
录下。
--detector 参数后的内容为人脸检测模型，用来识别图像中的人脸。
--embedding-model 参数后的内容为使用的神经网络模型，".."代表上一级目录）
```

运行命令后，如果提示没有 imutils，则使用 pip 命令安装 imutils。

imutils 是一个 Python 工具包，它整合了 OpenCV、NumPy 和 Matplotlib 的相关操作，主要用来进行图形图像的处理，如图像的平移、旋转、缩放、骨架提取、显示等。imutils 同时支持 Python 2 和 Python 3。

```
pi@raspberrypi:~/lesson/chapt8/OpenCV-face-recognition$ pip3 install imutils
Looking in indexes：https://pypi.org/simple，https://www.piwheels.org/simple
    Collecting imutils
    Downloading https://www.piwheels.org/simple/imutils/imutils-0.5.4-py3-none-any.whl
Installing collected packages：imutils
Successfully installed imutils-0.5.4
```

8.2.3 训练人脸模型

人脸识别的第三步就是要对抽取的人脸特征进行人脸模型的训练。

1）训练模型使用的是 train_model.py，在/home/pi/lesson/chapt8/OpenCV-face-recognition/3_model/目录下。使用的数据就是上一步中抽取的人脸特征文件 embeddings.pickle，训练模型完成后，会生成人脸识别模型 recognizer.pickle 和标签 le.pickle。

2）运行 train_model.py 训练模型。

```
pi@raspberrypi:~ $ cd    /home/pi/lesson/chapt8/OpenCV-face-recognition/3_model/
（解释：进入目录）

pi@raspberrypi:~/lesson/chapt8/OpenCV-face-recognition/3_model $ python3 train_model.py  \
--embeddings embeddings.pickle \
--recognizer recognizer.pickle \
--le le.pickle
[INFO] loading face embeddings...
[INFO] encoding labels...
[INFO] training model...
（解释：该命令用于创建模型）
```

有时会出现"ValueError：The number of classes has to be greater than one；got 1 class"错误，如图8-5所示。

```
pi@raspberrypi:~/lesson/chapt8/opencv-face-recognition/3_model $ python3 train_model.py \
> --embeddings embeddings.pickle \
> --recognizer recognizer.pickle \
> --le le.pickle
[INFO] loading face embeddings...
[INFO] encoding labels...
[INFO] training model...
Traceback (most recent call last):
  File "train_model.py", line 34, in <module>
    recognizer.fit(data["embeddings"], labels)
  File "/usr/local/lib/python3.7/dist-packages/sklearn/svm/_base.py", line 173, in fit
    y = self._validate_targets(y)
  File "/usr/local/lib/python3.7/dist-packages/sklearn/svm/_base.py", line 560, in _validate_ta
rgets
    " class" % len(cls))
ValueError: The number of classes has to be greater than one; got 1 class
```

图8-5　训练人脸模型出错

出现此错误的原因是仅采集了一个人的人脸图像，应该有至少两个人的人脸文件目录及对应的图片，例如本项目放置了南辉和志金两个人脸图像目录，这样抽取人脸特征预测变量有两个，就不会出错。

如果只采集了一个人的人脸图像，可以根据错误提示修改_base.py，具体操作如下。

```
pi@raspberrypi:~ $ cd    /usr/local/lib/python3.7/dist-packages/sklearn/svm
（解释：进入到_base.py所在的目录）

pi@raspberrypi:~/usr/local/lib/python3.7/dist-packages/sklearn/svm$ sudo vi _base.py
```
在该代码中找到第719行，将"if len(cls) < 2："修改为"if len(cls) < 1："，完成后保存退出，此时重新返回第三步训练人脸，发现错误消失，可以正常训练人脸，因为此时只有一个人的人脸图像，只需要一个即可。

有的安装路径在用户目录下，则_base.py是在/home/pi/.local/lib/python3.9/site-packages/sklearn/svm/_base.py目录下。

8.2.4　编写Python程序识别单张人脸图像

1）使用recognize_cn.py和训练好的人脸模型对人脸进行识别，并将姓名及概率显示出来，需要利用人脸检测模型openface_nn4.small2.v1.t7、人脸特征模型recognizer.pickle、人脸标签le.pickle。

recognize_cn. py 识别单张图片的 Python 代码如下。

```
# 以下是 recognize_cn. py 启动命令,"\"代表换行输入
# python3 recognize_cn. py--detector face_detection_model \
#   --embedding-model openface_nn4. small2. v1. t7 \
#   --recognizer 3_model/recognizer. pickle \
#   --le 3_model/le. pickle
#   --image images/测试 . png          //测试 . png 为被检测图片

# 以下导入一些必要的包
from PIL import Image,ImageFont, ImageDraw
# PIL 是一个图像处理库,ImageDraw 模块提供了图像的简单二维描述
# ImageFont 模块定义了相同名称的类,即 ImageFont 类
# 这个类的实例存储 bitmap 字体,用于 ImageDraw 类的 text( )方法
import numpy as np
# Numpy 库用来完成基础数值计算
import argparse
# argsparse 是 Python 的命令行解析的标准模块,内置于 Python,不需要安装
import imutils
# imutils 是一个 Python 工具包,主要用于图形图像的处理
import pickle
# pickle 模块实现了用于序列化和反序列化 Python 对象结构的二进制协议
import cv2
# cv2 就是 OpenCV2,为了在 Python 中调用 OpenCV
import os
# 导入 os 模块
import time
# 导入时间模块

# 构造参数解析器并解析参数
ap =argparse. ArgumentParser( )
ap. add_argument("-i", "--image", required=True,
    help="path to input image")
ap. add_argument("-d", "--detector", required=True,
    help="path to OpenCV's deep learning face detector")
ap. add_argument("-m", "--embedding-model", required=True,
    help="path to OpenCV's deep learning face embedding model")
ap. add_argument("-r", "--recognizer", required=True,
    help="path to model trained to recognize faces")
ap. add_argument("-l", "--le", required=True,
    help="path to label encoder")
ap. add_argument("-c", "--confidence", type=float, default=0. 5,
    help="minimum probability to filter weak detections")
args =vars( ap. parse_args( ) )

# 加载人脸检测器
print("[INFO] loading face detector...")
protoPath = os. path. sep. join([args["detector"], "deploy. prototxt"])
modelPath = os. path. sep. join([args["detector"],
```

```
                "res10_300x300_ssd_iter_140000. caffemodel" ] )
detector = cv2. dnn. readNetFromCaffe( protoPath, modelPath)

# 加载序列化人脸嵌入模型
print( " [ INFO] loading face recognizer…" )
embedder = cv2. dnn. readNetFromTorch( args[ "embedding_model" ] )

# 加载实际的人脸识别模型与标签编码器
recognizer = pickle. loads( open( args[ "recognizer" ], "rb" ). read( ) )
le = pickle. loads( open( args[ "le" ], "rb" ). read( ) )

# 加载图像,调整大小使其宽度为 600 像素,同时保持高宽比,然后获取图像尺寸
image = cv2. imread( args[ "image" ] )
image = imutils. resize( image, width = 600 )
( h, w) = image. shape[ :2]

# 使用 blobFromImage 函数对图像进行预处理
imageBlob = cv2. dnn. blobFromImage(
        cv2. resize( image, ( 300, 300 ) ), 1. 0, ( 300, 300 ),
        ( 104. 0, 177. 0, 123. 0 ), swapRB = False, crop = False )

# 利用 OpenCV 的基于深度学习的人脸检测器对输入图像中的人脸进行定位
detector. setInput( imageBlob )
detections = detector. forward( )

# 循环检测
for i in range( 0, detections. shape[ 2] ) :
        # 提取与预测相关的概率
        confidence = detections[ 0, 0, i, 2]

        # 如果概率过低则不显示
        if confidence > args[ "confidence" ] :
                # 计算曲面的边界框的(x, y)坐标
                box = detections[ 0, 0, i, 3:7] * np. array( [ w, h, w, h] )
                ( startX, startY, endX, endY) = box. astype( "int" )

                # 提取人脸 ROI
                face = image[ startY:endY, startX:endX ]
                ( fH, fW) = face. shape[ :2]

                # 确保脸的宽度和高度足够大
                if fW < 20 or fH < 20:
                        continue

                # 对人脸区域进行预处理,然后通过人脸嵌入模型,得到人脸的 128 维量化
                faceBlob = cv2. dnn. blobFromImage( face, 1. 0 / 255, ( 96, 96 ),
                        ( 0, 0, 0 ), swapRB = True, crop = False )
                embedder. setInput( faceBlob )
                vec = embedder. forward( )
```

```
# 对人脸进行分类识别
preds = recognizer. predict_proba( vec) [ 0]
j = np. argmax( preds)
proba = preds[ j]
name = le. classes_[ j]
# 绘制面的边界框以及相关的概率
text = "{ }: {:.2f}%". format( name, proba * 100)
y = startY - 10 if startY - 10 > 10 else startY + 10
cv2. rectangle( image, ( startX, startY), ( endX, endY),
    ( 0, 0, 255), 2)
#cv2. putText( image, text, ( startX, y),
    #cv2. FONT_HERSHEY_SIMPLEX, 0. 45, ( 0, 0, 255), 2)
        #cv2. putTesT 不支持中文,换一种方法
fontpath = " simsun. ttc"    # 宋体字体文件
font_1 = ImageFont. truetype( fontpath, 30)    # 加载字体, 字体大小
img_pil = Image. fromarray( image)
draw = ImageDraw. Draw( img_pil)
# xy 坐标, 内容, 字体, 颜色
draw. text( ( startX, y+10), text, font=font_1, fill=( 255, 255, 255) )
image = np. array( img_pil)


# 显示输出图像
cv2. imshow( "Image", image)
cv2. waitKey( 0)
```

2）运行人脸识别的 Python 程序 recognize_cn. py，结果如图 8-6 所示。

```
pi@raspberrypi:~ $ cd /home/pi/lesson/chapt8/OpenCV-face-recognition/
pi@raspberrypi:~/lesson/chapt8/OpenCV-face-recognition $ python3 recognize_cn. py \
--detector face_detection_model \
--embedding-model openface_nn4. small2. v1. t7 \
--recognizer   3_model/recognizer. pickle \
--le   3_model/le. pickle \
--image images/测试 . png
[ INFO] loading face detector…
[ INFO] loading face recognizer…
pi@raspberrypi:~/lesson/chapt8/OpenCV-face-recognition $
```

在官方的代码当中使用的是 cv2. putTesT 函数，该函数为了保持库的简单和轻量目前只支持英文，所以在图片上显示中文就需要一个中文字体文件 simsun. ttc。该字体文件也在/home/pi/lesson/chapt8/OpenCV-face-recognition 目录下，在这里举一个实例讲解使用中文字体文件的方法。

在/home/pi/lesson/chapt8/OpenCV-face-recognition 目录下运行 font. py 文件，该文件可以在一张图片上方显示出中文，并将结果保存在 image2. jpg 文件中，具体代码如下。

```
# font. py 的启动命令:python3   font. py
import cv2        # cv2 就是 OpenCV2,为了在 Python 中调用 OpenCV
import numpy      # Numpy 库用来完成基础数值计算
```

```python
from PIL import Image,ImageDraw, ImageFont    # PIL 是一个图像处理库
if __name__ == '__main__':
    img = cv2. imread('image. jpg')# 打开一张名为 image 的图片
    #img_OpenCV = cv2. resize(img_OpenCV,None,fx=0.3,fy=0.3) #设置图片的大小,在这里不用
    #图像从 OpenCV 格式转换成 PIL 格式
    img_PIL = Image. fromarray(cv2. cvtColor(img, cv2. COLOR_BGR2RGB))

    #宋体字体 *. ttc
    fontpath ="simsun. ttc"    #宋体字体文件
    font_1 =ImageFont. truetype(fontpath, 60)    #加载字体,同时设置字体大小
    draw =ImageDraw. Draw(img_PIL)              #ImageDraw 模块提供了图像的简单二维描述
    #文字输出位置,输出内容为"这一段是中文",指定字体和颜色
    draw. text((100,50), '这一段是中文', font=font_1, fill=(0,0,0))

    #转换回 OpenCV 格式
    img = cv2. cvtColor(numpy. asarray(img_PIL),cv2. COLOR_RGB2BGR)
    cv2. imshow("chinese to image",img)        #显示该图片
    cv2. waitKey()                            #等待键盘按键,任何一个按键都会关闭窗口
    cv2. imwrite('image2. jpg',img)            #将图片命名为 image2. jpg 并保存
```

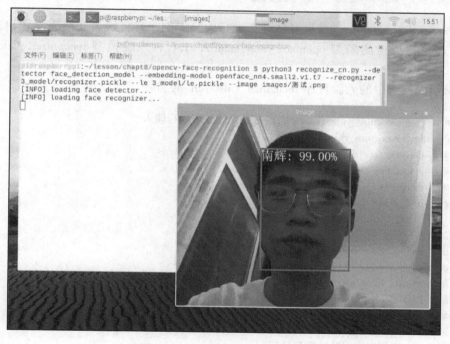

图 8-6 单张图片实现人脸识别

使用 Python 运行 font. py 文件的代码如下。

```
pi@raspberrypi:~ $ cd /home/pi/lesson/chapt8/OpenCV-face-recognition
pi@raspberrypi:~/lesson/chapt8/OpenCV-face-recognition $ python3   font. py
```

使用 Python 运行 font. py 文件后, 可以看到原来的图片上方显示出一行中文字体, 文字内容为 "这一段是中文", 图 8-7a 所示为原图片, 图 8-7b 所示为带中文的图片。图片显示

后如果要退出，只需要按下〈Space〉键。

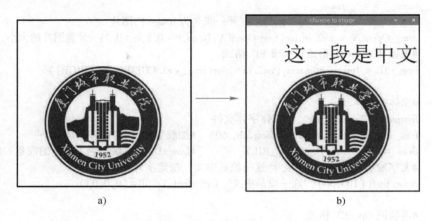

a) b)

图 8-7　在图片上方显示中文

8.2.5　编写 Python 程序识别视频流

使用 recognize_video_cn. py 可对视频流进行人脸识别，并将姓名及概率显示出来。该文件使用了人脸特征检测模型 openface_nn4. small2. v1. t7、人脸模型 recognizer. pickle、标签 le. pickle。

1）识别视频流中的人脸程序 recognize_video_cn. py 如下。

```
# 以下是 recognize_video_cn. py 启动命令，"\"代表换行输入
# python3 recognize_video_cn. py
#   --detector face_detection_model \
#   --embedding-model openface_nn4. small2. v1. t7 \
#   --recognizer 3_model/recognizer. pickle \
#   --le 3_model/le. pickle


# 导入一些必要的包
from imutils. video import VideoStream
# 使用 imutils 包的 VideoStream 读取视频流,提高帧率
from imutils. video import FPS
from PIL import Image,ImageFont, ImageDraw
# PIL 是一个图像处理库,ImageDraw 模块提供了图像的简单二维描述
import numpy as np
# Numpy 库用来完成基础数值计算
import argparse
# argsparse 是 Python 的命令行解析的标准模块,内置于 Python,不需要安装
import imutils
# imutils 是一个 Python 工具包,主要用于图形图像的处理
import pickle
# pickle 模块实现了用于序列化和反序列化 Python 对象结构的二进制协议
import cv2
# cv2 就是 OpenCV2,为了在 Python 中调用 OpenCV
```

```
import os
# 导入 os 模块

# 构造参数解析器并解析参数
ap = argparse. ArgumentParser()
ap. add_argument("-d", "--detector", required=True,
    help="path to OpenCV's deep learning face detector")
ap. add_argument("-m", "--embedding-model", required=True,
    help="path to OpenCV's deep learning face embedding model")
ap. add_argument("-r", "--recognizer", required=True,
    help="path to model trained to recognize faces")
ap. add_argument("-l", "--le", required=True,
    help="path to label encoder")
ap. add_argument("-c", "--confidence", type=float, default=0.5,
    help="minimum probability to filter weak detections")
args = vars(ap. parse_args())

# 加载人脸检测器
print("[INFO] loading face detector...")
protoPath = os. path. sep. join([args["detector"], "deploy. prototxt"])
modelPath = os. path. sep. join([args["detector"],
    "res10_300x300_ssd_iter_140000. caffemodel"])
detector = cv2. dnn. readNetFromCaffe(protoPath, modelPath)

# 加载人脸特征
print("[INFO] loading face recognizer...")
embedder = cv2. dnn. readNetFromTorch(args["embedding_model"])

# 加载训练出的人脸识别模型与标签编码器
recognizer = pickle. loads(open(args["recognizer"], "rb"). read())
le = pickle. loads(open(args["le"], "rb"). read())

# 初始化视频流,然后启动摄像机传感器
print("[INFO] starting video stream...")
vs = VideoStream(src=0). start()
time. sleep(2. 0)

# 启动 FPS 评估器
fps = FPS(). start()

# 从视频文件流中循环抽取帧
while True:
    # 从线程视频流中抓取帧
    frame = vs. read()

    # 调整框架的大小,使其宽度为 600 像素,同时保持高宽比,然后抓取图像
    # dimensions
    frame = imutils. resize(frame, width=600)
    (h, w) = frame. shape[:2]
```

```
# 使用 blobFromImage 函数对图像进行预处理
imageBlob = cv2. dnn. blobFromImage(
    cv2. resize(frame, (300, 300)), 1. 0, (300, 300),
    (104. 0, 177. 0, 123. 0), swapRB=False, crop=False)

# 利用 OpenCV 的基于深度学习的人脸检测器对输入图像中的人脸进行定位
detector. setInput(imageBlob)
detections = detector. forward()

# 循环检测
for i in range(0, detections. shape[2]):
    # 提取与预测相关的概率
    confidence = detections[0, 0, i, 2]
    # 过滤掉弱检测,如果低于某个值就不显示
    if confidence > args["confidence"]:
        # 计算曲面的边界框的(x, y)坐标
        box = detections[0, 0, i, 3:7] * np. array([w, h, w, h])
        (startX, startY, endX, endY) = box. astype("int")

        # 提取人脸 ROI
        face = frame[startY:endY, startX:endX]
        (fH, fW) = face. shape[:2]

        # 确保脸的宽度和高度足够大
        if fW < 20 or fH < 20:
            continue

        # 对人脸区域进行预处理,然后通过人脸嵌入模型,得到人脸的 128 维量化
        faceBlob = cv2. dnn. blobFromImage(face, 1. 0 / 255,
            (96, 96), (0, 0, 0), swapRB=True, crop=False)
        embedder. setInput(faceBlob)
        vec = embedder. forward()

        # 对人脸进行分类识别
        preds = recognizer. predict_proba(vec)[0]
        j = np. argmax(preds)
        proba = preds[j]
        name = le. classes_[j]
        print(name)

        ###########
        text = "{}: {:.2f}%". format(name, proba * 100)
        y = startY - 10 if startY - 10 > 10 else startY + 10
        cv2. rectangle(frame, (startX, startY), (endX, endY),
            (0, 0, 255), 2)
        #cv2. putText(frame, text, (startX, y),
        #    cv2. FONT_HERSHEY_SIMPLEX, 0. 45, (0, 0, 255), 2)
        # cv2. putText 不支持中文,所以这里换一种方法
```

```
                    fontpath = "simsun. ttc"   # 宋体字体文件
                    font_1 = ImageFont. truetype(fontpath, 30)   # 加载字体, 字体大小
                    img_pil = Image. fromarray(frame)
                    draw = ImageDraw. Draw(img_pil)
                    # xy 坐标, 内容, 字体, 颜色
                    draw. text((startX, y+10), text, font=font_1, fill=(255, 255, 255))
                    frame = np. array(img_pil)
            # 更新 FPS 计数器
            fps. update()
            # 显示输出
            cv2. imshow("Frame", frame)
            key = cv2. waitKey(1) & 0xFF
            # 如果按下了〈Q〉键, 则中断循环, 表示关闭这个程序, 停止人脸检测
            if key == ord("q"):
                    break
    # 停止计时器并显示 FPS 信息
    fps. stop()
    print("[INFO]elasped time: {:. 2f}". format(fps. elapsed()))
    print("[INFO] approx. FPS: {:. 2f}". format(fps. fps()))
    # 清理
    cv2. destroyAllWindows()
    vs. stop()
```

2) 运行 recognize_video_cn. py 程序, 进行视频流中的人脸识别, 结果如图 8-8 所示。

```
pi@raspberrypi:~ $ cd /home/pi/lesson/chapt8/OpenCV-face-recognition
pi@raspberrypi:~/lesson/chapt8/OpenCV-face-recognition $ python3 recognize_video_cn. py \
--detector face_detection_model \
--embedding-model openface_nn4. small2. v1. t7 \
--recognizer   3_model/recognizer. pickle \
--le   3_model/le. pickle
[INFO] loading face detector…
[INFO] loading face recognizer…
[INFO] starting video stream…
南辉
南辉
南辉
南辉
……
[INFO]elasped time: 34. 76
[INFO] approx. FPS: 1. 41
```

(解释:"\"代表换行输入, 因为命令较长, 所以可以换行输入。该命令可以对视频流进行人脸检测, 当检测到人脸的时候, 进行判断, 显示识别到的人名及概率, 同时在终端也显示出识别的人名。如果没有识别到人脸, 则终端不会显示信息。按下〈Q〉键后退出人脸检测, 还可以看到每秒传输的帧数 FPS)

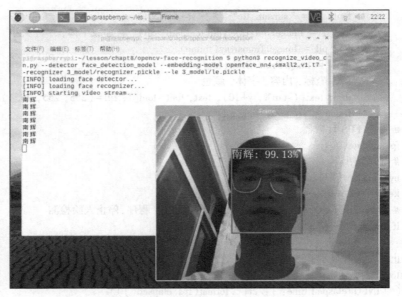

图 8-8　视频流实现人脸识别

8.3　将识别结果存入数据库

8.3　将识别结果存入数据库

在之前的学习中，只进行了单纯的人脸识别，例如识别某张图片以及识别视频流中的人脸。这一节将讲解如何利用 Python 程序将识别出来的结果存入到数据库中，并通过浏览器远程访问，最后实现人脸识别考勤的远程查询。

8.3.1　创建数据库相关内容

pi@raspberrypi：~ $ mysql -uxmcu -pxmcu
（解释：使用 xmcu 用户名登录数据库，该数据库用户为之前创建的）
MariaDB［(none)］> create　database　face；
（解释：创建一个名为 face 的数据库）
MariaDB［(none)］> use　face；
（解释：使用 face 数据库）
MariaDB［face］>create　table if not EXISTS probacn（id int（4） primary key not null auto_increment，somebody varchar（30） NOT NULL DEFAULT '，proba varchar（30），time datetime）character set = utf8；
（解释：创建一个名为 probacn 的表格，该表格有 4 个字段 id、somebody、proba、time，分别记录了序号、某人、概率、时间，并且该表格支持 utf-8 中文编码）

8.3.2　将人脸识别结果写入数据库

在 recognize_video_sql_cn. py 人脸识别文件中添加数据库链接并存储的功能，可以将识别到的结果存入数据库中，读者可以参考第 5 章关于使用 Python 程序将数据写入数据库中的相关内容。

1) 利用 recognize_video_sql_cn. py 识别视频流中的人脸图像，并将结果存入数据库，代码如下。

```
# 以下是 recognize_video_sql_cn. py 的使用方法，"\"代表换行输入
# python3 recognize_video_sql_cn. py \
#--detector face_detection_model \
#--embedding-model openface_nn4. small2. v1. t7 \
#--recognizer 3_model/recognizer. pickle \
#--le    3_model/le. pickle

# 导入一些必要的包
from imutils. video import VideoStream
# 使用 imutils 包的 VideoStream 读取视频流,提高帧率
from imutils. video import FPS
from PIL import Image,ImageFont, ImageDraw
# PIL 是一个图像处理库,ImageDraw 模块提供了图像的简单二维描述
import numpy as np
# Numpy 库用来完成基础数值计算
import argparse
# argsparse 是 Python 的命令行解析的标准模块,内置于 Python,不需要安装
import imutils
# imutils 是一个 Python 工具包,主要用于图形图像的处理
import pickle
# pickle 模块实现了用于序列化和反序列化 Python 对象结构的二进制协议
import cv2
# cv2 就是 OpenCV2,为了在 Python 中调用 OpenCV
import os
# 导入 os 模块
import time
# 导入时间模块
import requests
# requests 库是用 Python 编写的,基于 urllib,采用 Apache2 Licensed 开源协议的 HTTP 库
# 可以用来抓取网页图片,建立网络连接
import json
# 用 Python 语言来编码和解码 JSON 对象
import pymysql
# PyMySQL 是 Python 3. x 版本中用于连接数据库服务器的一个库

# 构造参数解析器并解析参数
ap = argparse. ArgumentParser( )
ap. add_argument( "-d" , "--detector" , required = True,
    help = " path to OpenCV's deep learning face detector" )
ap. add_argument( "-m" , "--embedding-model" , required = True,
    help = " path to OpenCV's deep learning face embedding model" )
ap. add_argument( "-r" , "--recognizer" , required = True,
    help = " path to model trained to recognize faces" )
ap. add_argument( "-l" , "--le" , required = True,
    help = " path to label encoder" )
ap. add_argument( "-c" , "--confidence" , type = float, default = 0. 5,
```

```
        help = "minimum probability to filter weak detections")
args = vars(ap.parse_args())

# 加载人脸检测器
print("[INFO] loading face detector...")
protoPath = os.path.sep.join([args["detector"], "deploy.prototxt"])
modelPath = os.path.sep.join([args["detector"],
    "res10_300x300_ssd_iter_140000.caffemodel"])
detector = cv2.dnn.readNetFromCaffe(protoPath, modelPath)

# 加载人脸特征模型
print("[INFO] loading face recognizer...")
embedder = cv2.dnn.readNetFromTorch(args["embedding_model"])

# 加载训练出的人脸模型与标签编码器
recognizer = pickle.loads(open(args["recognizer"], "rb").read())
le = pickle.loads(open(args["le"], "rb").read())

# 初始化视频流,启动摄像头
print("[INFO] starting video stream...")
vs = VideoStream(src=0).start()
time.sleep(2.0)

# 启动 FPS 评估器
fps = FPS().start()

# 从视频文件流中循环抽取帧
while True:
    # 从线程视频流中抓取帧
    frame = vs.read()

    # 调整帧的大小,使其宽度为 600 像素,同时保持高宽比
    # 然后获取图像尺寸
    frame = imutils.resize(frame, width=600)
    (h, w) = frame.shape[:2]

    # 使用 blobFromImage 函数对图像进行预处理
    imageBlob = cv2.dnn.blobFromImage(
        cv2.resize(frame, (300, 300)), 1.0, (300, 300),
        (104.0, 177.0, 123.0), swapRB=False, crop=False)

    # 利用 OpenCV 的基于深度学习的人脸检测器对输入图像中的人脸进行定位
    detector.setInput(imageBlob)
    detections = detector.forward()

    # 循环检测
    for i in range(0, detections.shape[2]):
        # 提取与预测相关的置信度(即概率)
        confidence = detections[0, 0, i, 2]
```

```python
# 如果概率过低,则不显示
if confidence > args["confidence"]:
    # 计算曲面的边界框的(x, y)坐标
    box = detections[0, 0, i, 3:7] * np.array([w, h, w, h])
    (startX, startY, endX, endY) = box.astype("int")

    # 提取人脸 ROI
    face = frame[startY:endY, startX:endX]
    (fH, fW) = face.shape[:2]

    # 确保脸的宽度和高度足够大
    if fW < 20 or fH < 20:
        continue

    # 对人脸区域进行预处理
    # 然后通过人脸嵌入模型,得到人脸的 128 维量化
    faceBlob = cv2.dnn.blobFromImage(face, 1.0 / 255,
        (96, 96), (0, 0, 0), swapRB=True, crop=False)
    embedder.setInput(faceBlob)
    vec = embedder.forward()

    # 对人脸进行分类识别
    preds = recognizer.predict_proba(vec)[0]
    j = np.argmax(preds)
    proba = preds[j]
    name = le.classes_[j]
    print(name)

    print(proba * 100)
    proba_str = str(proba)
    print(proba_str)

#进行数据库的连接,修改自己相应的数据库用户、密码等
conn = pymysql.connect(host='localhost', port=3306, user='xmcu', passwd='xmcu', db='face',
charset='utf8')

cur = conn.cursor()
cur.execute("""
    create table if not EXISTS probacn      #表格的名称为 probacn
    (
     id int(4) primary key not null auto_increment,
     somebody varchar(30) NOT NULL DEFAULT '',
     proba   varchar(30),
     time    datetime
    ) character set = utf8
""")
timeofsomebody = time.strftime('%Y-%m-%d %H:%M:%S', time.localtime(time.time()))
print('The man or woman   is %s'%(name))
```

```python
        print('time    is %s'%(timeofsomebody))
        sql="insert into probacn(somebody,time,proba) values(%s,%s,%s)"
        param = (name,timeofsomebody,proba_str)
        cur.execute(sql,param)
        conn.commit()
        cur.close()
        conn.close()
        # 绘制面的边界框以及相关的概率
        text = "{}: {:.2f}%".format(name, proba * 100)
        y = startY - 10 if startY - 10 > 10 else startY + 10
        cv2.rectangle(frame, (startX, startY), (endX, endY),
            (0, 0, 255), 2)
        #cv2.putText(frame, text, (startX, y),
        #    cv2.FONT_HERSHEY_SIMPLEX, 0.45, (0,0,255), 2)
                    # cv2.putText 不支持中文,所以这里换一种方法
        fontpath = "simsun.ttc"   # 宋体字体文件
        font_1 = ImageFont.truetype(fontpath, 30)   # 加载字体,字体大小
        img_pil = Image.fromarray(frame)
        draw = ImageDraw.Draw(img_pil)
        draw.text((startX, y+10), text, font=font_1, fill=(255,255,255))
        # xy 坐标,内容,字体,颜色
        #draw.text((100,100), text, font=font_1, fill=(255,255,255))
        # xy 坐标,内容,字体,颜色
        frame = np.array(img_pil)


    # 更新 FPS 计数器
    fps.update()


    # 显示输出
    cv2.imshow("Frame", frame)
    key = cv2.waitKey(1) & 0xFF
    # 如果按下了〈Q〉键,则中断循环,退出人脸识别
    if key == ord("q"):
            break
# 停止计时器并显示 FPS 的信息
fps.stop()
print("[INFO]elasped time: {:.2f}".format(fps.elapsed()))
print("[INFO] approx. FPS: {:.2f}".format(fps.fps()))
# 清理
cv2.destroyAllWindows()
vs.stop()
```

2) 运行人脸识别 recognize_video_sql_cn.py 程序,并将结果存入数据库。

```
pi@raspberrypi:~ $ cd /home/pi/lesson/chapt8/OpenCV-face-recognition
pi@raspberrypi:~/lesson/chapt8/OpenCV-face-recognition $ python3 recognize_video_sql_cn.py \
--detector face_detection_model \
--embedding-model openface_nn4.small2.v1.t7\
--recognizer   3_model/recognizer.pickle\
```

--le　3_model/le. pickle

以下是终端输出的内容。

[INFO] loading face detector…
[INFO] loading face recognizer…
[INFO] starting video stream…
南辉
96. 07023323784422
0. 9607023323784423
The man or woman　is 南辉
time　is 2021-07-21 14:07:36
南辉
95. 55843690796789
0. 9555843690796788
The man or woman　is 南辉
time　is 2021-07-21 14:07:37
南辉
94. 64243661944793
0. 9464243661944793
The man or woman　is 南辉
time　is 2021-07-21 14:07:38
……
[INFO] elasped time: 63. 02
[INFO] approx. FPS: 1. 36

（解释：该命令可以对视频流进行人脸检测，通过中文显示识别到的名字及概率，在终端打印出识别到的人名、概率、时间等信息。并且将识别到的结果存入数据库，这个数据库是在第 8.3.1 节创建的一个数据库及数据表格。当按下〈Q〉键后退出人脸检测，还可以看到每秒传输的帧数 FPS）

将视频流中识别的人脸结果存入数据库的执行结果如图 8-9 所示。

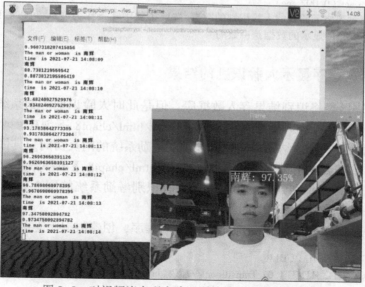

图 8-9　对视频流实现人脸识别并将结果存入数据库

3）登录数据库，查看人脸识别的信息。

```
pi@raspberrypi:~/lesson/chapt8/OpenCV-face-recognition $ mysql -uxmcu -pxmcu
（解释:使用 xmcu 用户名登录数据库）
MariaDB [(none)]> use face;
（解释:使用 face 数据库）
MariaDB [face]> show tables;
+---------------------+
| Tables_in_face      |
+---------------------+
| proba               |
| probacn             |
+---------------------+
2 rows in set (0.001 sec)
（解释:查看数据库下建立的表格）
MariaDB [face]>select * from probacn;
+------+-------------+----------------------+---------------------+
| id   | somebody    | proba                | time                |
+------+-------------+----------------------+---------------------+
|   69 | 南辉        | 0.9607023323784423   | 2021-07-21 14:07:36 |
|   70 | 南辉        | 0.9555843690796788   | 2021-07-21 14:07:37 |
|   71 | 南辉        | 0.9464243661944793   | 2021-07-21 14:07:38 |
|   72 | 南辉        | 0.9534203004264947   | 2021-07-21 14:07:39 |
|   73 | 南辉        | 0.95401137269612     | 2021-07-21 14:07:40 |
|   74 | 南辉        | 0.8977380834169807   | 2021-07-21 14:07:41 |
|   75 | 南辉        | 0.9343716987072851   | 2021-07-21 14:07:41 |
|   76 | 南辉        | 0.9475310712181764   | 2021-07-21 14:07:42 |
|   77 | 南辉        | 0.9182789468533432   | 2021-07-21 14:07:43 |
+------+-------------+----------------------+---------------------+
86 rows in set (0.002 sec)
```

（解释:查看表格下插入的人脸识别的数据,选取了其中几条作为展示,可以看到数据库的信息和上一步终端当中显示的数据是一致的）

8.3.3 编写网页程序显示人脸识别的结果

人脸识别程序已经将识别结果存入数据库，但是此时人脸识别考勤系统并不是很完善，因此可以在 Web 服务器的对外服务目录/var/www/html/chapt8 下创建一个程序 recognize_cn.php 用于显示人脸识别的结果，实现人脸识别考勤系统的网页访问。具体操作如下。

首先在 Web 服务器的对外服务目录/var/www/html/chapt8 下放一张显示名字的图片，例如"南辉.jpg"，这样当识别到南辉的时候，人脸识别考勤系统的网页就会显示出对应的头像，如名称、人脸图片、概率、时间等信息。

以下是显示人脸识别结果的 recognize_cn.php 程序，创建数据库连接及表格显示。

```
<!DOCTYPE HTML PUBLIC
"-//W3C//DTD HTML 4.01 Transitional//EN" "http://www.w3.org/TR/html401/loose.dtd">
<html>
<head>
```

```
<meta http-equiv="Content-Type" content="text/html; charset=utf-8">
<!--
解释:meta 是 HTML 的元标签,其中包含了对应 HTML 的相关信息,客户端浏览器或服务端程序都
会根据这些信息进行处理
http 类型:这个网页是表现内容用的
content(内容类型):这个网页的格式是文本的
charset(编码):这个网页的编码是支持中文的 utf-8 编码
-->
<title>人脸识别考勤系统</title>
<!--解释:<title>用来设置标题属性-->
</head>
<body>
<pre>
<?php
$connection = mysqli_connect("localhost","xmcu","xmcu","face");
/* mysql_connect()建立一个到数据库服务器的连接,localhost 是主机的 IP 地址,如果是远程服务
器,则需要填 IP 地址,MariaDB 数据库的用户名和密码都是 xmcu,face 是使用的数据库,这里默认
端口号是 3306 */
$result = mysqli_query ($connection,"select * from probacn");
/* 解释:选择数据库,mysql_query()向与指定的连接标识符$connection 关联的服务器中的当前活
动数据库发送一条查询,如果没有指定 link_identifier,则使用上一个打开的连接。返回从结果集取
得的数组,如果没有,则返回 FALSE */
echo "<table border='2'>
<!--
解释:table 代表表格,border=2 表示表格的边框线的粗细为 2px(像素)。此句是定义边框线为 2px
的一个表格
-->
<tr>
<th>序号</th>
<!--表格第一栏显示序号-->
<th>姓名</th>
<!--第二栏显示姓名-->
<th>图片</th>
<th>概率</th>
<th>时间</th>
</tr>";
while ($row = mysqli_fetch_array($result))
/* 解释:$row 获取 SQL 查询语句的查询记录,每次取出查询记录的一行记录,显示后,继续显示下
一条记录,按数组保存 */
{
echo "<tr>";
echo "<td>".$row[0]."</td>";
echo "<td>".$row[1]."</td>";
$test = ".jpg";
$str = $row[1].$test;
echo "<td><a href=$str><img src=$str width=\"160\" heigh=\"120\"></a></td>";
echo "<td>".$row[2]."</td>";
echo "<td>".$row[3]."</td>";
echo "</tr>";
```

```
    }
    echo "</table>";
?>
</pre>
</body>
</html>
pi@raspberrypi:/var/www/html/chapt8 $
```

通过网页程序 recognize_cn.php，查询人脸识别结果如图 8-10 所示。

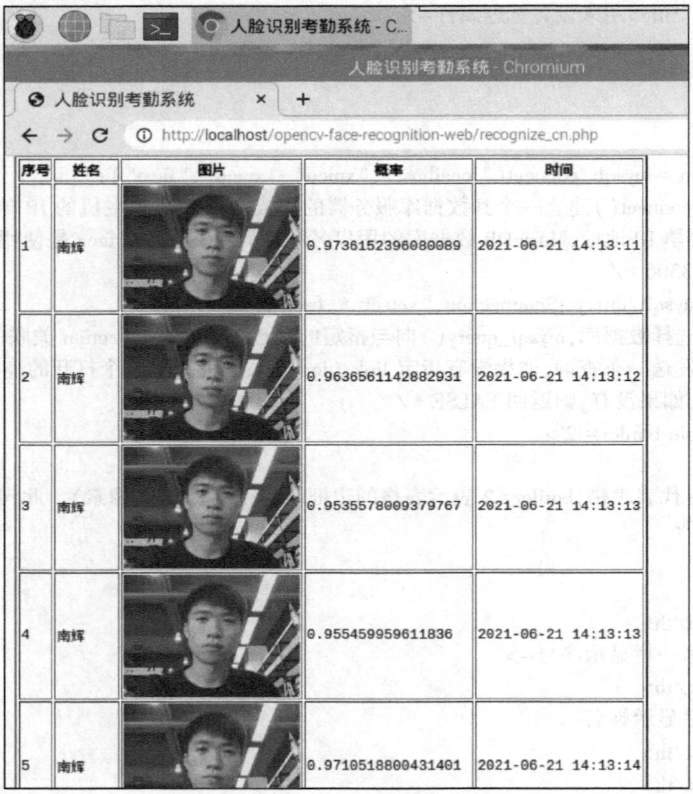

图 8-10　网页显示人脸识别结果

8.4　本章小结

本章学习了在树莓派上安装 OpenCV 及相关的软件。人脸识别的完整流程，首先进行人脸图像的采集；其次对采集的图像抽取特征；接着训练出人脸模型，完成模型的创建；最后对单张有脸图像、视频流进行人脸识别。创建相应的数据库和程序，通过网页查询人脸识别的结果，完成人脸识别考勤系统的搭建。

8.5　习题

根据本章的内容，采集自己的人脸图像，训练人脸模型，进行视频流的人脸识别。

第9章 文字识别与语音识别

随着人工智能技术的快速发展，谷歌、百度、阿里、华为纷纷推出 AI 开放平台提供文字识别、语音识别、语音合成等人工智能技术供企业和广大爱好者使用。文字识别就是识别图片上的文字，语音识别是将声音转化为文字，语音合成是将文字转为自然流畅的人声。本章将讲述如何使用百度的 AI 开放平台，在树莓派上实现文字识别、语音识别和语音合成。

9.1 语音识别与合成

9.1 语音识别与合成

要完成语音识别、语音合成，首先需要完成以下 4 项前期准备工作。

1）连接扬声器，作为声音输出的设备。
2）连接传声器，作为接收声音的设备。
3）安装驱动，安装声音采集的驱动。
4）安装声音相关软件，录音、播音指令使用。

9.1.1 传声器、扬声器的硬件连接和软件安装

1. 传声器、扬声器硬件连接

树莓派主板侧边有一个 3.5 mm 的 AV 插孔，具有音频输出功能，音频输出接口如图 9-1 所示，可以接阻抗为 8 Ω 的扬声器。

传声器是指将声音转换为电信号的设备，本项目使用 Respeaker 传声器阵列，如图 9-2 所示。

图 9-1 音频输出接口

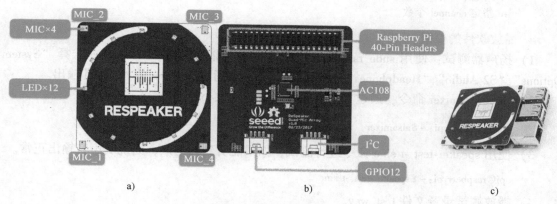

图 9-2 传声器接口图
a）传声器正面 b）传声器反面 c）传声器与树莓派硬件连接

Respeaker 传声器阵列是基于 AC108 芯片开发的，是一款高度集成的四通道 ADC，具有高清晰度语音捕获能力，能拾取半径 3 m 范围内的声音。此外，这款 4-Mics 版本提供了超酷 LED 显示灯，包含 12 个 APA102 可编程 LED 灯。传声器、扬声器和树莓派实物连接如图 9-3 所示。

图 9-3　传声器、扬声器、树莓派实物连接

2. 驱动安装和系统配置

将随书配套的 seeed-voicecard. tar 文件上传到树莓派的/home/pi/lesson/chapt9/目录下，安装 Respeaker 传声器阵列驱动。

```
pi@raspberrypi:~ $cd /home/pi/lesson/chapt9/
pi@raspberrypi:~/lesson/chapt9$tar xvf seeed-voicecard. tar
pi@raspberrypi:~/lesson/chapt9$sudo    apt-get update        #更新软件列表
pi@raspberrypi:~/lesson/chapt9$cd seeed-voicecard            #进入下载好的目录
pi@raspberrypi:~/seeed-voicecard$sudo . /install. sh    --compat-kernel
pi@raspberrypi:~/ seeed-voicecard$sudo reboot              #重启树莓派开发板
```

3. 录音软件的使用

将传声器阵列采集到的声音编码录音成音频文件，录音文件格式默认为 wav。

```
pi@raspberrypi:~ $arecord -Dac108   -d20   -fS32_LE   -r 48000   -c8   test. wav
```
　-D 指定录音设备为麦克风阵列 AC108 的芯片，就是 Respeaker 传声器阵列
　-d 指定录音的时长，单位为秒
　-f 指定录音格式(32/24 等)
　-r 指定采样率，单位为 Hz
　-c 指定 channel 个数

4. 播放软件的使用

1）扬声器测试：使用 sudo raspi-config 配置命令，依次按照图 9-4a～c 选择 "System Options" "S2 Audio" "Headphones" 进行设置，将声音通过 3. 5 mm 的 AV 插孔输出。

2）输入 alsamixer 命令，通过上下方向键调节音量大小等参数。

```
pi@raspberrypi:~ $alsamixer
```

3）使用 speaker-test -t sine 命令进行测试，如果能听到蜂鸣声，则说明声音输出正常。

```
pi@raspberrypi:~ $speaker-test -t sine
```

4）播放测试录音文件 test. wav。

```
pi@raspberrypi:~ $mplayer test. wav
```

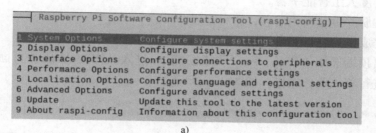

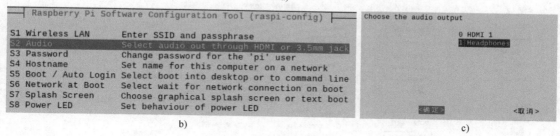

图 9-4 设置 AV 插孔输出声音

9.1.2 人工智能平台账号申请

要完成语音识别和语音合成，要先到百度人工智能平台上申请账号和应用，具体步骤如图 9-5 所示。

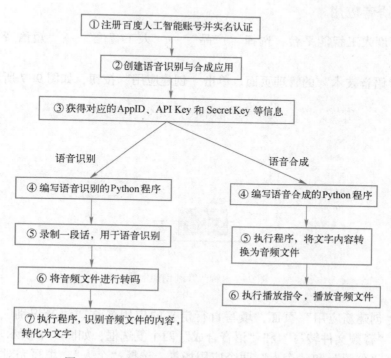

图 9-5 百度人工智能平台账号和应用申请流程图

1）登录百度人工智能平台。

2）单击注册并填写相关信息，然后完成登录。

3）注册完成以后进行实名认证。

4）在网页顶端选择"产品"→"人工智能"，进入具体的 AI 服务页面（如文字识别、人脸识别），进行相关业务操作，如图 9-6 所示。

图 9-6　人工智能选项

9.1.3　创建语音应用

1）登录百度人工智能平台，选择"产品"→"人工智能"→"短语音识别"选项，如图 9-6 所示。

2）进入"语音技术"的管理页面。单击"创建应用"按钮，如图 9-7 所示。

图 9-7　后台管理创建应用

3）进入"创建新应用"页面，填写自行定义的应用名称"语音识别"，在"接口选择"栏，选中"音频文件转写"和"语音合成"两个复选框，如图 9-8 所示。

4）这里有"公司"和"个人"两个应用场景，选择"个人"，填写完对应的内容，单击"立即创建"按钮，如图 9-9 所示。

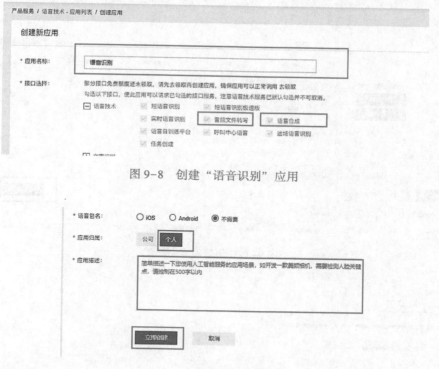

图 9-8 创建"语音识别"应用

图 9-9 选择"个人"选项

5）创建完成单击"返回应用列表"按钮，如图 9-10 所示。

图 9-10 创建完成

6）查看申请的 AppID、API Key 和 Secret Key，这 3 个变量将在后面使用，为了保护隐私，涂去了部分字符，如图 9-11 所示。

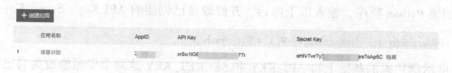

图 9-11 AppID、API Key 和 Secret Key 内容

7）单击"领取免费资源"按钮，申请免费额度使用，如图 9-12 所示。

8）弹出如图 9-13 所示的界面。选中"接口名称"中所有的复选框，然后单击"0 元领取"按钮，完成应用的创建。

图 9-12　语音技术-概览

图 9-13　领取免费"语音技术"应用额度

9.1.4　编写语音识别程序

1）进入目录。

```
pi@raspberrypi:~ $cd   /home/pi/lesson/chapt9/9.1.4
```

2）创建 Python 程序，输入以下内容，并修改自己创建的 API Key、Secret Key 的内容。

```
pi@raspberrypi:~ lesson/chapt9/9.1.4 $vi   yysb.py
```

在百度示例代码的基础上将 API_KEY 和 SECRET_KEY 这两个变量修改为自己申请成功的变量值。图 9-11 显示了这两个变量。语音识别 yysb.py 的完整代码如下。

```
#coding=utf-8
import sys
import json
import time
IS_PY3 = sys.version_info.major == 3
```

```
ifIS_PY3：
from urllib. request import urlopen
from urllib. request import Request
from urllib. error import URLError
from urllib. parse import urlencode
timer = time. perf_counter
else：
import urllib2
from urllib2 import urlopen
from urllib2 import Request
from urllib2 import URLError
from urllib import urlencode
if sys. platform == "win32"：
timer = time. clock
else：
        #Onmostotherplatformsthebesttimeristime. time( )
timer = time. time
API_KEY = 'kVcnf**************MrtLYIz'
#为保护隐私,中间数字用 * 代替,请用自己的 API Key 代替
SECRET_KEY = 'O9o1O2**************VWl2du6'
#为保护隐私,中间数字用 * 代替,请用自己的 SECRET Key 代替
# 需要识别的文件
AUDIO_FILE = '/16k. pcm'
# 只支持 pcm/wav/amr 格式,极速版额外支持 m4a 格式
# 文件格式
FORMAT = AUDIO_FILE[ -3:] ；
#取最后 3 位,作为声音文件类型
# 文件扩展名只支持 pcm/wav/amr 格式,极速版额外支持 m4a 格式
CUID = '123456PYTHON' ；
# 采样率
RATE = 16000； # 固定值
# 普通话版
DEV_PID = 1537；
# 1537 表示识别普通话,使用输入法模型。根据文档填写 PID,选择语言及识别模型
ASR_URL = 'http://vop. baidu. com/server_api'
SCOPE = 'audio_voice_assistant_get'
# 有此 SCOPE 行表示有自动语音识别能力,没有请在网页里勾选
#测试自训练平台需要打开以下信息,自训练平台模型上线后,会看见第二步："获取专属模型参
#数 pid:8001, modelid:1234",按照这个信息获取 dev_pid = 8001, lm_id = 1234
#DEV_PID = 8001 ；
#LM_ID = 1234 ；
# 极速版填写的信息
#DEV_PID = 80001
#ASR_URL = 'http://vop. baidu. com/pro_api'
#SCOPE = 'brain_enhanced_asr'  # 有此 SCOPE 行表示有自动语音识别能力,没有请在网页里开通
#极速版
# 忽略 scope 检查
#SCOPE = False
# 极速版
```

```
class DemoError( Exception) :
pass
""" "TOKENstart" " "
TOKEN_URL = 'http://openapi. baidu. com/oauth/2. 0/token'
def fetch_token( ) :
params = {'grant_type': 'client_credentials',
'client_id': API_KEY,
'client_secret': SECRET_KEY}
post_data = urlencode( params)
if ( IS_PY3) :
post_data = post_data. encode('utf-8')
req = Request( TOKEN_URL, post_data)
try :
f = urlopen( req)
result_str = f. read( )
exceptURLErroraserr :
print('tokenhttpresponsehttpcode : ' + str( err. code) )
result_str = err. read( )
if ( IS_PY3) :
result_str = result_str. decode( )
print( result_str)
result = json. loads( result_str)
print( result)
if ('access_token'inresult. keys( ) and'scope'inresult. keys( ) ) :
ifSCOPEand ( notSCOPEinresult[ 'scope']. split(' ') ) :
  #SCOPE = False 忽略检查
raiseDemoError('scopeisnotcorrect')
print('SUCCESSWITHTOKEN: %s ; EXPIRESINSECONDS: %s' % ( result[ 'access_token'], result
[ 'expires_in']) )
return result[ 'access_token']
    else :
        raise DemoError('MAYBE API_KEY or SECRET_KEY not correct: access_token or scope not
found in token response')

""" TOKEN end """

if __name__ == '__main__':
    token = fetch_token( )

" " "
    httpHandler = urllib2. HTTPHandler( debuglevel=1)
    opener = urllib2. build_opener( httpHandler)
    urllib2. install_opener( opener)
" " "

    speech_data = [ ]
    with open( AUDIO_FILE, 'rb') as speech_file :
        speech_data = speech_file. read( )
length = len( speech_data)
```

```
iflength = = 0:
raiseDemoError('file %slengthread 0 bytes' % AUDIO_FILE)
params = {'cuid': CUID, 'token': token, 'dev_pid': DEV_PID}
    #测试自训练平台需要打开以下信息
    #params = {'cuid': CUID, 'token': token, 'dev_pid': DEV_PID, 'lm_id' : LM_ID}
params_query = urlencode(params);
headers = {
        'Content-Type': 'audio/' + FORMAT + '; rate=' + str(RATE),
        'Content-Length': length
    }
url = ASR_URL + "?" + params_query
print("urlis", url);
print("headeris", headers)
    #printpost_data
req = Request(ASR_URL + "?" + params_query, speech_data, headers)
try:
begin = timer()
f = urlopen(req)
result_str = f.read()
print("Requesttimecost %f" % (timer() - begin))
exceptURLErroraserr:
print('asrhttpresponsehttpcode : ' + str(err.code))
result_str = err.read()
if (IS_PY3):
result_str = str(result_str, 'utf-8')
print(result_str)
withopen("result.txt", "w") asof:
of.write(result_str)
```

3）进入目录，放置录音文件。

```
pi@raspberrypi:~ $cd  /home/pi/lesson/chapt9/9.1.4/
```

4）在 audio 文件夹内录音。录制一段语音，本书录制的内容为"北京科技馆"。

```
pi@raspberrypi:~/lesson/chapt9/9.1.4$arecord  -c  2  -r  16000  -f  S16_LE  voice.wav
```

该命令表示在 2 s 内读完"北京科技馆"，其中"-c 2"表示采集 2 s 声音。

5）安装 ffmpeg。

```
pi@raspberrypi:~/lesson/chapt9/9.1.4$sudo  apt  install  ffmpeg
```

6）将此文件转换格式：将 wav 格式的音频转换为 pcm 格式。

```
pi@raspberrypi:~/lesson/chapt9/9.1.4$ffmpeg  -y -i voice.wav -acodec  pcm_s16le  -f  s16le -ac 1
-ar 16000  voice.pcm
```

7）回到/home/pi/lesson/chapt9/9.1.4 目录，执行语音识别程序 yysb.py。

```
pi@raspberrypi:~/lesson/chapt9/9.1.4$python3 yysb.py
{"access_token":"24.78762e4e9775ef71fa6018fe796a478d.2592000.1628600726.282335-1
5803531","session_key":"9mzdDA0k0svaurolTuiDmf36cRpAz2UfD\/i5A2jEKX8RmZaPXRgIHJG
```

j6vNfUC833iayDc53+S1C79zOASpTc6RCP40BnQ==","scope":"vis-faceverify_faceverify_h5

………
………
………　}此部分内容省略
………

```
audio_voice_assistant_get
SUCCESS WITH TOKEN：24. 78762e4e9775ef71fa6018fe796a478d. 2592000. 1628600726. 28233
5-15803531　EXPIRES IN SECONDS：2592000
Request time cost 0. 672185
{"corpus_no":"6983654302561787257",
"err_msg":"success. ","err_no":0,"result":["北京科技馆。"],"sn":"28358389921626008726"}
```

最后出现了"北京科技馆"字样，表明语音识别结果是正确的，这个就是录音的内容。

9.1.5　编写语音合成程序

直接使用 9.1.2 节已经申请好的 API Key、Secret Key 等相关信息，因为语音技术包含语音识别和语音合成等功能，下面编写语音合成程序。

```
pi@raspberrypi：~ $cd　/home/pi/lesson/chapt9/9. 1. 5/
```

1）创建 Python 语音合成的文件 yyhc. py，输入以下内容，并修改自己的 API Key、Secret Key 内容。

```
pi@raspberrypi：~/lesson/chapt9/9. 1. 5$vi　yyhc. py
```

2）在示例代码的基础上修改 API_KEY 和 SECRET_KEY 这两个变量。

```
# coding=utf-8
import sys
import json
IS_PY3 = sys. version_info. major == 3
if IS_PY3：
    from urllib. request import urlopen
    from urllib. request import Request
    from urllib. error import URLError
    from urllib. parse import urlencode
    from urllib. parse import quote_plus
else：
    import urllib2
    from urllib import quote_plus
    from urllib2 import urlopen
    from urllib2 import Request
    from urllib2 import URLError
    from urllib import urlencode
API_KEY = '4******************55789'
#为保护隐私,中间数字用 * 代替,请用自己的 API Key 代替。
SECRET_KEY = '5*******************'
#为保护隐私,中间数字用 * 代替,请用自己的 SECRET Key 代替。
TEXT = "欢迎使用百度语音合成。"
```

```
PER = 4
#发音人选择,基础音库:0 为度小美,1 为度小宇,3 为度逍遥,4 为度丫丫,
#精品音库:5 为度小娇,103 为度米朵,106 为度博文,110 为度小童,111 为度小萌,#默认为度小美
SPD = 5 # 语速,取值 0-15,默认为 5 中语速
PIT = 5   # 音调,取值 0-15,默认为 5 中音调
VOL = 5 # 音量,取值 0-9,默认为 5 中音量
AUE = 3# 语音文件格式, 3:mp3(default) 4: pcm-16k 5: pcm-8k 6:wav
FORMATS = {3: "mp3", 4: "pcm", 5: "pcm", 6: "wav"}
FORMAT = FORMATS[AUE]
CUID = "123456PYTHON"
TTS_URL = 'http://tsn.baidu.com/text2audio'
class DemoError(Exception):
    pass
""" TOKEN start """
TOKEN_URL = 'http://openapi.baidu.com/oauth/2.0/token'
SCOPE = 'audio_tts_post'   #有此 SCOPE 行表示有语音合成能力,没有请在网页里勾选
def fetch_token():
    print("fetch token begin")
    params = {'grant_type': 'client_credentials',
              'client_id': API_KEY,
              'client_secret': SECRET_KEY}
    post_data = urlencode(params)
if (IS_PY3):
post_data = post_data.encode('utf-8')
    req = Request(TOKEN_URL, post_data)
try:
        f = urlopen(req, timeout=5)
        result_str = f.read()
    except URLError as err:
        print('token http response http code : ' + str(err.code))
        result_str = err.read()
    if (IS_PY3):
result_str = result_str.decode()
    print(result_str)
    result = json.loads(result_str)
    print(result)
    if ('access_token' in result.keys() and 'scope' in result.keys()):
        if not SCOPE in result['scope'].split(' '):
            raise DemoError('scope is not correct')
print('SUCCESS WITH TOKEN: %s ; EXPIRES IN SECONDS: %s' % (result['access_token'], result
['expires_in']))
        return result['access_token']
    else:
        raise DemoError('MAYBE API_KEY or SECRET_KEY not correct: access_token or scope not
found in token response')
""" TOKEN end """
if __name__ == '__main__':
    token = fetch_token()
    tex = quote_plus(TEXT)   #此处 TEXT 需要两次编码
```

```
        print( tex)
        params = {'tok': token, 'tex': tex, 'per': PER, 'spd': SPD, 'pit': PIT, 'vol': VOL, 'aue': AUE,
'cuid': CUID,
                    'lan': 'zh', 'ctp': 1}    # lan ctp 固定参数
        data = urlencode( params)
        print('test on Web Browser' + TTS_URL + '? ' + data)
        req = Request( TTS_URL, data. encode('utf-8') )
        has_error = False
        try:
f = urlopen( req)
            result_str = f. read( )
            headers = dict( ( name. lower( ) , value) for name, value in f. headers. items( ) )
            has_error = ('content-type' not in headers. keys( ) or
headers['content-type']. find('audio/') < 0)
        except   URLError as err:
            print('asr http response http code : ' + str( err. code) )
            result_str = err. read( )
            has_error = True
        save_file = "error. txt" if has_error else 'result. ' + FORMAT
        with open( save_file, 'wb') as of:
            of. write( result_str)
        if has_error:
            if ( IS_PY3):
                result_str = str( result_str, 'utf-8')
            print( "tts api   error:" + result_str)
        print( "result saved as :" + save_file)
```

9. 1. 6　语音合成

9. 1. 6　语音合成

1）执行语音合成程序 yyhc. py，生成 result. mp3 音频文件。

```
pi@raspberrypi: ~/lesson/chapt9/9. 1. 5$cd /home/pi/lesson/chapt9/9. 1. 5
pi@raspberrypi: ~/lesson/chapt9/9. 1. 5$python3 yyhc. py
fetch token begin
```
{ " access _ token" : " 24. 27fa1eb797b543ada98d1b672946a869. 2592000. 1628601987. 282335-10854623" ,
" session_key" : " 9mzdCSENNddc73XGK6MAfCdxg0EfD21sJ3kRooGEsaSXRWEDCvn2txlhd77URRmCb8n

………
………　此部分内容省略
………
………

87. 282335-10854623&tex=% 25E6% 25AC% 25A2% 25E8% 25BF% 258E% 25E4% 25BD% 25BF%
25E7%2594%25A8%25E7%2599%25BE%25E5%25BA%25A6%25E8%25AF%25AD%25E9%259F%
25B3%25E5%2590% 2588% 25E6% 2588% 2590% 25E3% 2580% 2582&per = 4&spd = 5&pit = 5&vol =
5&aue = 3&cuid = 123456PYTHON&lan = zh&ctp = 1
result saved as :result. mp3

2）执行以下播放指令，接好扬声器，能听到"欢迎使用百度语音合成"的声音。

```
pi@raspberrypi: ~/lesson/chapt9/9. 1. 5$aplay result. mp3
Playingrawdata 'result. mp3' : Unsigned 8 bit, Rate 8000 Hz, Mono
```

9.2 文字识别

文字识别流程图如图 9-14 所示。

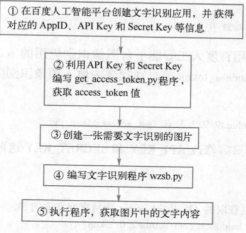

图 9-14 文字识别流程图

9.2.1 创建文字识别应用

参考 9.1.3 节的内容，创建百度文字识别应用，步骤如下。

1）选择"产品"→"人工智能"→"通用场景文字识别"选项。

2）单击"创建应用"按钮。

3）填写应用名称、个人、应用描述等相关信息，填写完毕后单击"立即创建"按钮。

4）创建完毕，单击"返回应用列表"，查看创建的 AppID、API Key、Secret Key 等相关信息。

5）如同语音识别应用，单击"领取免费资源"按钮，开始使用。

9.2.2 书本图像的获取

1）进入目录/home/pi/lesson/chapt9/9.2.2。

pi@raspberrypi：~ $cd　/home/pi/lesson/chapt9/9.2.2

2）通过手机拍摄书本文字内容进行图片获取，通过 winscp 将图片传到树莓派上。也可参考 6.1.3 节的内容，通过树莓派摄像头拍摄书本文字内容，获取图片素材指令如下。

pi@raspberrypi：~ $cd　/home/pi/lesson/chapt9/9.2.2
pi@raspberrypi：~/lesson/chapt9/9.2.2$raspistill　-o　test.jpg　-t　2000

说明：指令-o 后面的参数是将拍摄的图片以 test.jpg 文件名保存；-t 2000 是在 2000 ms 后拍摄一张照片，所拍摄的图片如图 9-15 所示。

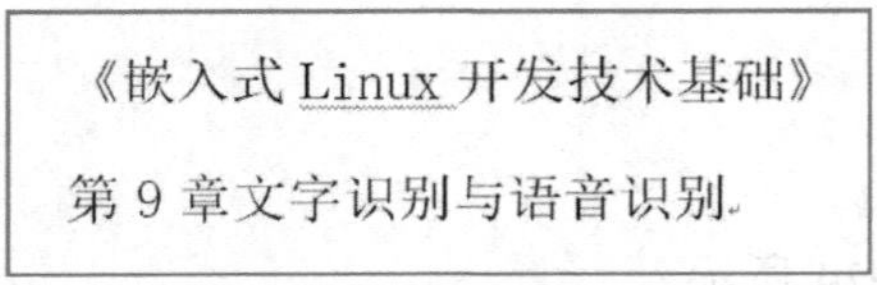

《嵌入式 Linux 开发技术基础》
第 9 章文字识别与语音识别

图 9-15 拍摄的照片

9.2.3 获取 access_token 值

文字识别程序需要使用百度人工智能平台图像识别应用的 access_token 值，所以先使用 get_access_token. py 获取 access_token 值，在程序中填入图像识别应用的 AK、SK。get_access_token. py 的内容如下。

```
pi@raspberrypi：~ /chapt9/9.2.3$vi  get_access_token. py
```

百度示例代码如下：只需修改 API_KEY 和 SECRET_KEY 这两个变量。

```
# encoding：utf-8
import requests
# client_id 为从官网获取的 AK，client_secret 为从官网获取的 SK
host = 'https://aip. baidubce. com/oauth/2. 0/token?
grant_type = client_credentials&client_id = hqHp99 * * * * * * * * * * * * * qL&client_secret =
lCRUR7sUhzzb * * * * * * * * * * * * * xuOsRf0p0Dr' #为保护隐私，中间数字用 * 代替。
response = requests. get(host)
if response：
    print(response. json())
```

执行程序，获得 access_token。

```
pi@raspberrypi：~/chapt9/9.2.3$python3    get_access_token. py
{'refresh_token'：' 25. 2460f428a64b11522aa76df24be9712e. 315360000. 1941371716. 282335-24448187',
'expires_in': 2592000, 'session_key':
' 9mzdCrXlAKWcTOHn4zeZndXiUD9Rb69yi86cdhF3HIRqFll8JU4u86CLZGpiUyF/sGNujeKTctEmaROvb/
Z7QXPPDCf8FQ = =','access_token':'24. 113ae51909ddb2b * * * * * * * * * * * * * 2f7229. 2592000.
1628603716. 282335-24448187', 'scope': 'public vis-ocr_ocr brain_ocr_scope brain_ocr_general brain_
ocr_general_basic vis-ocr_business_license brain_ocr_webimage brain_all_scope brain_ocr_idcard brain_
ocr_driving_license brain_ocr_vehicle_license vis-ocr_plate_number brain_solution brain_ocr_pocr_
business_card brain_ocr_train_ticket brain_ocr_taxi_receipt vis-ocr_household_register vis-ocr_vis-
classify_birth_certificate vis-ocr_机动车购车发票识别 vis-ocr_机动车检验合格证识别 vis-ocr_车辆
vin 码识别 vis-ocr_定额发票识别 vis-ocr_保单识别 vis-ocr_机打发票识别 vis-ocr_行程单识别 brain_
ocr_vin brain_ocr_quota_invoice brain_ocr_birth_certificate 虚拟人物助理 idl-video_虚拟人物助理 smart-
app_component smartapp_search_plugin avatar_video_test ', ' session_secret ': '
0282e571f5561e8b453d8f7b057 e84c6'}
```

说明：黑体字 24. 113ae51909ddb2b * * * * * * * * * * * * * 2f7229. 2592000. 1628603716. 282335-
24448187 就是 access_token 值，为保护隐私，中间数字用 * 代替。

9.2.4 编写 Python 程序将图像识别成文字

根据百度示例代码，在文字识别程序 wzsb. py 中写入待识别图片的完整路径，access_token 值换成申请到的实际值。

```
pi@raspberrypi：~ $cd/home/pi/lesson/chapt9/9.2.4
# encoding：utf-8
import requests
import base64
pi@raspberrypi：~/lesson/chapt9/9.2.4$vi   wzsb.py

request_url = "https://aip.baidubce.com/rest/2.0/ocr/v1/general"
#二进制方式打开图片文件
f = open('test.jpg', 'rb')
img = base64.b64encode(f.read())

params = {"image":img}
access_token = '24.113ae51909ddb2b * * * * * * * * * * * * 2f7229.2592000.1628603716.282335-
24448187'
request_url = request_url + "? access_token=" + access_token
headers = {'content-type': 'application/x-www-form-urlencoded'}
response = requests.post(request_url, data=params, headers=headers)
if response：
    print (response.json())
```

执行程序，结果如下。

```
pi@raspberrypi：~ $cd   /home/pi/lesson/chapt9/9.2.4/wzsb.py
pi@raspberrypi：~/lesson/chapt9/9.2.4$python3   wzsb.py
{'words_result': [{'words': '嵌入式', 'location': {'top': 23, 'left': 62, 'width': 78, 'height': 39}},
{'words': 'linux 开发技术基', 'location': {'top': 23, 'left': 229, 'width': 245, 'height': 40}}, {'words':
'第 9 章文字识别与语音训', 'location': {'top': 101, 'left': 28, 'width': 374, 'height': 40}}], 'words_
result_num': 3, 'log_id': 1475446614787811281}
```

以上内容为树莓派识别图片中转换出来的文字，格式为 json。

9.2.5　文字识别阅读机

将拍照、文字识别、语音合成、语音播放技术综合应用，可以开发出文字识别阅读机。首先应用摄像头拍摄书本得到清晰的照片，然后使用文字识别技术提取出文字，再运用语音合成技术合成出音频文件，最后播放与文本内容对应的声音，文字识别阅读机的开发流程图如图 9-16 所示。

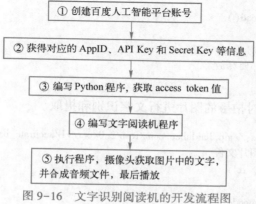

图 9-16　文字识别阅读机的开发流程图

（1）安装加载 Python 相关所需的库

```
pi@raspberrypi：~ $sudo apt-get update
pi@raspberrypi：~ $sudo apt-get install libjpeg-dev
pi@raspberrypi：~ $sudo apt-get install libatlas-base-dev
pi@raspberrypi：~ $sudo apt-get install libjpeg-dev
pi@raspberrypi：~ $sudo apt-get install libtiff5-dev
pi@raspberrypi：~ $sudo apt-get install libpng12-dev
pi@raspberrypi：~ $sudo apt-get install libqtgui4 libqt4-test
pi@raspberrypi：~ $sudo apt-get install libjasper-dev
pi@raspberrypi：~ $sudo pip3 install opencv-python3
```

（2）进入阅读机项目所在的目录，编辑脚本 wzydj. py

```
pi@raspberrypi：~ $cd   /home/pi/lesson/chapt9/9. 2. 5
pi@raspberrypi：~/lesson/chapt9/9. 2. 5$vi   wzydj. py
```

在 wzydj. py 中填入之前已经申请的 API Key、Secret Key、access_token 值，wzydj. py 首先会拍摄放置在树莓派摄像头下的书本，进行文字识别，然后进行语音合成，最后将结果播放出来。文字阅读机文件 wzydj. py 分成以下 4 部分讲解。

```
pi@raspberrypi：~/chapt9$vi   /home/pi/chapt9/9. 2. 5/wzydj. py
```

1）第一部分代码是获取在树莓派摄像头下的书本的图片，并生成文件。

```python
# - * - coding:utf-8 - * -
import requests
import base64
import cv2
import numpy
import sys
import json
import os

#初始化摄像头
camera = cv2. VideoCapture(0)
#读取摄像头图像
ret,img = camera. read()
#保存图像
cv2. imwrite('test. jpg',img)
#摄像头使用完后都要释放
camera. release()
```

2）第二部分代码是对拍摄的图片进行文字识别和提取。

```python
request_url = "https://aip. baidubce. com/rest/2. 0/ocr/v1/accurate_basic"
#二进制方式打开图片文件
f = open('test. jpg', 'rb')

img = base64. b64encode(f. read())
```

```
params = {"image":img}
access_token = '24. c138f59efa337b64b85f813 ★★★★★★★★★★★★★★★ 1032. 282335-22788804'
request_url = request_url + "? access_token=" + access_token
headers = {'content-type': 'application/x-www-form-urlencoded'}
response = requests. post(request_url, data=params, headers=headers)
if response:
#    print (response. json( ))
    temp = response. json( )
    TEXT = ''
    for i in range(0,temp['words_result_num']):
        TEXT = TEXT + temp['words_result'][i]['words']#每个json行合并在一起
IS_PY3 = sys. version_info. major == 3
#TEXT 的内容就是要识别的结果
```

3) 第三部分代码是语音合成。

```
if IS_PY3:
    from urllib. request import urlopen
    from urllib. request import Request
    from urllib. error import URLError
    from urllib. parse import urlencode
    from urllib. parse import quote_plus
API_KEY = 'LUQPG ★★★★★★★★★★ lVb8i2GR7ht'#为保护隐私,中间数字用 ★ 代替
SECRET_KEY = 'kbMkaj2KD ★★★★★★★★★★ f2ZWhpGXx8'#为保护隐私,中间数字用 ★ 代替
PER = 4
#发音人选择,基础音库:0 为度小美,1 为度小宇,3 为度逍遥,4 为度丫丫,
#精品音库:5 为度小娇,103 为度米朵,106 为度博文,110 为度小童,111 为度小萌,默认为度小美

SPD = 5        #语速,取值 0-15,默认为 5 中语速
PIT = 5        #音调,取值 0-15,默认为 5 中音调
VOL = 5        #音量,取值 0-9,默认为 5 中音量
AUE = 3        #下载的文件格式,3:mp3(default) 4: pcm-16k 5: pcm-8k 6. wav
FORMATS = {3: "mp3", 4: "pcm", 5: "pcm", 6: "wav"}
FORMAT = FORMATS[AUE]
CUID = "123456PYTHON"
TTS_URL = 'http://tsn. baidu. com/text2audio'
class DemoError(Exception):
    pass

"""  TOKEN start """

TOKEN_URL = 'http://openapi. baidu. com/oauth/2. 0/token'
SCOPE = 'audio_tts_post'   #有此 SCOPE 行表示有语音合成能力,没有请在网页里勾选

def fetch_token( ):
    print("fetch token begin")
    params = {'grant_type': 'client_credentials',
              'client_id': API_KEY,
```

```
                    'client_secret': SECRET_KEY}
        post_data = urlencode(params)
        if (IS_PY3):
            post_data = post_data.encode('utf-8')
        req = Request(TOKEN_URL, post_data)
        try:
            f = urlopen(req, timeout=5)
            result_str = f.read()
        except URLError as err:
            print('token http response http code : ' + str(err.code))
            result_str = err.read()
        if (IS_PY3):
            result_str = result_str.decode()

        print(result_str)
        result = json.loads(result_str)
        print(result)
        if ('access_token' in result.keys() and 'scope' in result.keys()):
            if not SCOPE in result['scope'].split(' '):
                raise DemoError('scope is not correct')
            print('SUCCESS WITH TOKEN: %s ; EXPIRES IN SECONDS: %s' % (result['access_token'],
result['expires_in']))
            return result['access_token']
        else:
            raise DemoError('MAYBE API_KEY or SECRET_KEY not correct: access_token or scope not
found in token response')


    """   TOKEN end """

    if __name__ == '__main__':
        token = fetch_token()
        tex = quote_plus(TEXT)    #此处 TEXT 需要两次编码
        print(tex)
    params = {'tok': token, 'tex': tex, 'per': PER, 'spd': SPD, 'pit': PIT, 'vol': VOL, 'aue': AUE, 'cuid':
CUID,
                   'lan': 'zh', 'ctp': 1}    # lan ctp 固定参数

        data = urlencode(params)
        print('test on Web Browser' + TTS_URL + '? ' + data)

        req = Request(TTS_URL, data.encode('utf-8'))
        has_error = False
        try:
            f = urlopen(req)
            result_str = f.read()

            headers = dict((name.lower(), value) for name, value in f.headers.items())
```

```
has_error = ('content-type' not in headers.keys() or headers['content-type'].find('audio/') < 0)
except   URLError as err:
    print('asr http response http code : ' + str(err.code))
    result_str = err.read()
    has_error = True

save_file = "error.txt" if has_error else 'result.' + FORMAT
with open(save_file, 'wb') as of:
    of.write(result_str)

if has_error:
    if (IS_PY3):
        result_str = str(result_str, 'utf-8')
    print("tts api   error:" + result_str)
```

4）第四部分代码是保存音频文件并播放。

```
print("result saved as :" + save_file)
os.system("mplayer result.mp3")
```

（3）执行程序

```
pi@raspberrypi:~/lesson/chapt9/9.2.5$cd /home/pi/lesson/chapt9/9.2.5
pi@raspberrypi:~/lesson/chapt9/9.2.5$python3 wzydj.py
#生成了与书本文字对应的音频文件 result.mp3 并进行播放
Playingrawdata 'result.mp3' : Unsigned 8 bit, Rate 8000 Hz, Mono
```

此时从扬声器就能听到机器人在朗读树莓派摄像头拍下的文字内容。

9.3　本章小结

本章介绍了 Respeaker 传声器矩阵的使用，并使用百度人工智能平台进行文字识别、语音识别、语音合成等应用，并且将文字识别和语音合成技术连用，开发出了一台文字识别阅读机。

9.4　习题

1）使用百度人工智能平台，合成出一段话，如"高举中国特色社会主义伟大旗帜 为全面建设社会主义现代化国家而团结奋斗"。

2）使用树莓派的摄像头，拍摄社会主义核心价值观的标语牌，并使用图像识别技术识别出社会主义核心价值观的具体内容。

第 10 章　目 标 检 测

目标检测简单来讲，就是找出图像中特定的目标，并对目标进行定位、识别，现已被广泛应用于工业质检、视频监控、无人驾驶等领域。近年来，随着计算机硬件资源和深度卷积算法取得了突破性进展，基于深度卷积的目标检测算法也逐渐替代传统的目标检测算法，在精度和性能方面取得了显著成果。边缘计算（Edge Computing）是指靠近物或数据的一侧发起的计算，就近提供服务，边缘计算更靠近终端设备，数据传输更及时、更安全、速度更快。现在边缘计算多指在终端设备上实施推理计算，如目标检测等算法。

本章讲解如何构建训练模型的服务器，使用 LabelImg 标记数据集，使用 TensorFlow Lite Model Maker 工具训练 EfficientDet 模型，并将该模型针对 Coral USB Accelerator Edge TPU 进行优化编译，最后部署到扩展了 Coral Accelerator 的树莓派终端上进行目标检测。

10.1　训练 EfficientDet 目标检测模型

Google Brain 团队发布了 EfficientDet 目标检测模型，EfficientDet 是一系列可扩展的高效的目标检测器的统称，本节介绍训练检测宠物的 EfficientDet-Lite0 目标检测模型。

10.1.1　数据标记

在本节，将通过一个实例讲解如何使用自己标注的训练集训练模型。获取数据集的方式有很多，读者可以使用照相机、手机等拍照设备进行拍摄，采集数据。本节中选择的训练数据仍然来自 The Oxford-IIIT Pet Dataset，只是需要自己对这些图片进行标注，随书配套的数据集 images. tar. gz 压缩包里含有 37 种不同种类的猫和狗，每种动物大约有 200 张图片。挑选阿比西尼亚猫（Abyssinian Cat）和斗牛犬（Bulldog）这两种宠物的图片，然后使用 LabelImg 标记工具对图片进行自行标记，而不是使用数据集已经标记好的标记数据。

标记数据使用的是 LabelImg 标记工具，本节将介绍如何使用 LabelImg 标记工具来标记数据。标记数据的工作是在第 1 章安装好的虚拟机中完成的。

1. 获取原始图片数据

```
xmcu@xmcu-VirtualBox：~ $cd /home/xmcu/lesson/chapt10/
xmcu@xmcu-VirtualBox：~/lesson/chapt10$tar  zxf  images. tar. gz
xmcu@xmcu-VirtualBox：~/lesson/chapt10$mkdir  JPEGImages
xmcu@xmcu-VirtualBox：~/lesson/chapt10$cp   images/Abyssinian_ * . jpg  JPEGImages/
xmcu@xmcu-VirtualBox：~/lesson/chapt10$cp   images/american_bulldog_ * . jpg  JPEGImages/
```

只挑选阿比西尼亚猫（Abyssinian Cat）和斗牛犬（Bulldog）这两种宠物的图片，并复制到 JPEGImages 目录下，如图 10-1 所示。

图 10-1　目录中待标记的宠物图片

2. 安装 LabelImg 标注工具

> xmcu@xmcu-VirtualBox：~ $sudo apt install python3-pip
> xmcu@xmcu-VirtualBox：~ $pip3 install labelImg　（直接安装 LabelImg 标注工具）
> xmcu@xmcu-VirtualBox：~ $sudo apt install libxcb-xinerama0

在终端运行 LabelImg，出现如图 10-2 所示的界面，单击"打开目录"按钮，打开 JPEGImages 目录。

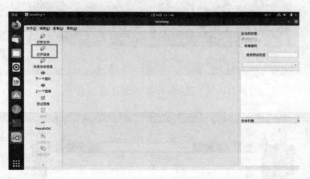

图 10-2　LabelImg 标注界面

3. 使用 LabelImg 工具标记图片

1）打开 JPEGImages 目录，显示第一张待标记的宠物图片，如图 10-3 所示。

2）单击"创建区块"按钮，选择"PASCAL VOC"标记格式，按住鼠标左键并拖动标记框选择猫脸的完整部分后再释放左键。如图 10-4 所示，在标签文本框中填写宠物类别为"阿比西尼亚猫"，英文名字类别为"Abyssinian_Cat"。

3）单击"下一个图片"按钮，输入标注文件的文件名，默认与图片名字一样，只是扩展名为 .xml，如图 10-5 所示。

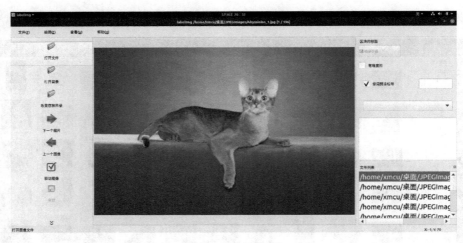

图 10-3　标注图片

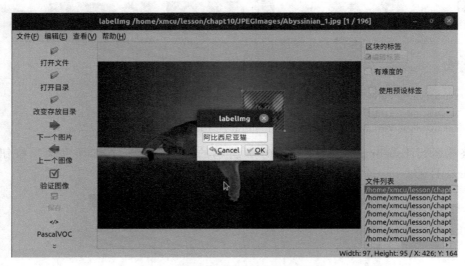

图 10-4　选择宠物面部并进行标注

图 10-5　保存标记文件

4）每一张图片都标记好后，目录下的文件包含每张宠物图片及其对应的 .xml 的标注文件，如图 10-6 所示。

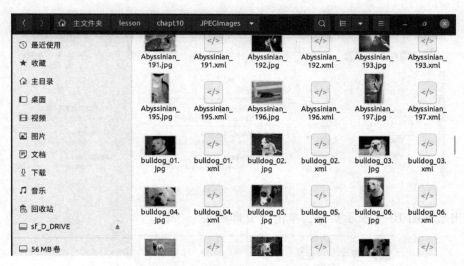

图 10-6　宠物图片及其标注文件

注意：如果一张图片里面有好几个类别，那么每个类别都要标出。

4. 创建数据集

在 dataset 目录下创建 annotations 目录和 images 目录，将 .xml 标注文件都复制到 dataset/annotations 目录中，将宠物图片 .jpg 都复制到 dataset/images 目录中。为了方便上传到服务器上进行模型训练，压缩成 dataset.zip 文件。

```
xmcu@xmcu-VirtualBox：~/lesson/chapt10$mkdir dataset
xmcu@xmcu-VirtualBox：~/lesson/chapt10$mkdir dataset/images
xmcu@xmcu-VirtualBox：~/lesson/chapt10$mkdir dataset/annotations
xmcu@xmcu-VirtualBox：~/lesson/chapt10$mv JPEGImages/ * .jpg   dataset/images/
xmcu@xmcu-VirtualBox：~/lesson/chapt10$mv JPEGImages/ * .xml   dataset/annotations/
```

dataset 的目录结构如下。

```
xmcu@xmcu-VirtualBox：~/lesson/chapt10$tree -L 1 dataset/
dataset/
├──── annotations
└──── images

2 directories，0 files
```

创建 dataset.zip 数据集。

```
xmcu@xmcu-VirtualBox：/tmp$zip -r dataset.zip dataset/
```

10.1.2　构建训练模型的服务器

在训练模型之前，首先需要构建一个训练模型的服务器，本节讲解如何使用普通 CPU

服务器来构建训练模型的服务器。

　　1）登录华为云，选择"产品"→"计算"→"弹性云服务器 ECS"选项，如图 10-7 所示。

图 10-7　华为云服务器

　　2）出现如图 10-8 所示页面，单击"立即购买"按钮。

图 10-8　弹性云服务器 ECS

　　3）在出现的登录页面中输入账号、密码，如图 10-9 所示。

　　说明：如果没有账号，则需要进行注册，获取账号和密码。

图 10-9　华为账号登录页面

4）服务器的选择如图 10-10 所示，计费模式选择"按需计费"，可用区选择"随机分配"，CPU 架构选择"X86 计算"，规格选择"通用计算增强型"，在下面的具体规格选择 8 核、16 GB 内存。

图 10-10　华为云服务器选择

5）如图 10-11 所示，镜像选择 Ubuntu 20.04，单击"下一步：网络配置"按钮。

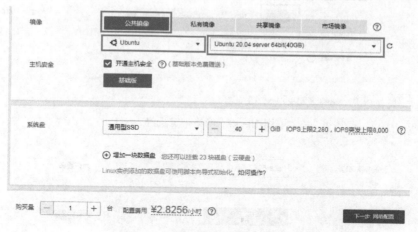

图 10-11　服务器系统镜像选择

6）在图 10-12 所示的网络选择页面中，选择默认的"自动分配 IP 地址"。要打开 8888 端口，因为 Jupyter Notebook 服务器需要使用 8888 端口。

7）在图 10-13 所示的页面中选择 5 Mbit/s 网络带宽。

8）单击"下一步：高级配置"按钮，出现如图 10-14 所示页面，设置 root 的密码。

9）单击"下一步：确认配置"按钮，出现如图 10-15 页面，勾选"我已经阅读并同意《镜像免责声明》"选项。

图 10-12　服务器网络参数选择

图 10-13　网络带宽选择

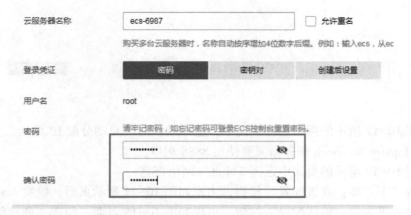

图 10-14　服务器 root 密码设置

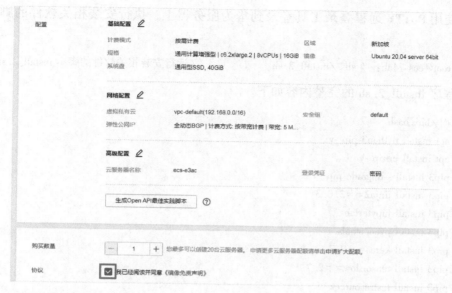

图 10-15 免责声明确认

10）单击"立刻购买"按钮，大约 1 分钟后，华为云官网的控制台就会显示服务器的 IP 地址。

11）使用 PuTTY 远程登录工具登录到华为服务器更新系统。49.0.200.230 是华为服务器的 IP 地址，每位用户申请到的服务器 IP 地址不同，即使是相同账号，每次租用时的 IP 地址也是不同的，运行升级更新脚本 install_1.sh，脚本运行结束后，会重启服务器。

root@ecs-74ab:~# sh ./install_1.sh   （运行升级更新服务器的脚本 install_1.sh）

升级更新服务器的程序 install_1.sh 内容如下。

```
#!/bin/bash
apt update -y
apt upgrade -y
apt autoremove -y
apt install axel vim gcc make net-tools -y
sync;sync;reboot
```

10.1.3 安装 TensorFlow Lite Model Maker 等相关软件

10.1.3 安装 TensorFlow Lite Model Maker 等相关软件

TensorFlow Lite Model Maker 库可以简化 TensorFlow Lite 模型的训练过程，仅仅通过几行代码即可使用自定义数据集来训练 TensorFlow Lite 模型。该库使用迁移学习（Transfer Learning）来减少所需的训练数据量，并缩短训练时间，就是使用预训练模型（pretrained-model）去重新训练（Retrain）用户自定义的数据集，获得用户定义的模型。在本节中，使用 TensorFlow Lite Model Maker 工具训练 EfficientDet-Lite 模型，并针对 Edge TPU 优化编译在 Edge TPU 运行的模型。本代码在开源代码的基础上进行修改。

1）使用 PuTTY 远程登录工具登录到华为服务器上，执行安装相关软件的脚本 install_2.sh。

```
root@ecs-74ab:~# sh ./install_2.sh              （运行安装相关软件的脚本 install_2.sh）
```

2）程序 install_2.sh 的完整内容如下。

```
#!/bin/bash
apt install python3-pip -y
apt install unzip -y
pip3 install --upgrade pip
pip3 install jinja2==3.0.3
pip3 install jupyterlab
pip3 install pycocotools
pip3 install keras==2.7
pip3 install tensorflow==2.7
pip3 install testresources
pip3 install tflite-model-maker
#注释:安装 Edge TPU 编译器,将普通 tflite 模型优化编译成可以在 Edge TPU Compile 上运行
curl https://packages.cloud.google.com/apt/doc/apt-key.gpg | sudo apt-key add -
echo "deb https://packages.cloud.google.com/apt coral-edgetpu-stable main" | sudo tee /etc/apt/
sources.list.d/coral-edgetpu.list
sudo apt-get update
sudo apt-get install edgetpu-compiler
sudo apt-get install python3-pycoral -y
sync;sync
reboot
```

sync 命令是将内存缓冲区中的数据立即写入磁盘中，最后用 reboot 命令重新启动服务器。

3）jupyterlab 可以通过浏览器运行 Jupyter Notebook 程序，其默认使用 8888 端口，因此要打开 8888 端口。依次按照图 10-16 和图 10-17 打开 8888 端口。

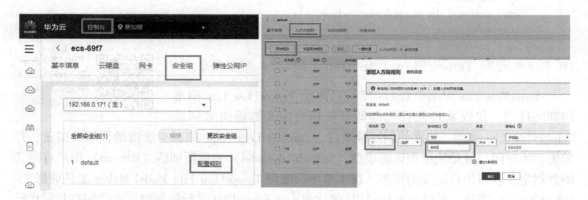

图 10-16　控制台安全组设置

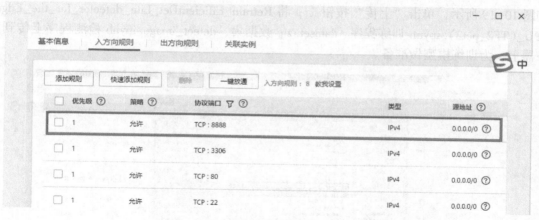

图 10-17　打开 GPU 服务器的 8888 端口

10.1.4　使用 Jupyter Notebook 程序训练模型

10.1.4　使用 Jupyter Note-book 程序训练模型

Jupyter Notebook 是基于网页的交互式开源应用程序，应用于开发、文档编写、运行代码和展示结果，可以在网页页面中直接编写代码和运行代码，代码的运行结果也会直接显示在网页中。Jupyter Notebook 支持 Python、R、Julia、Scala 等 40 多种编程语言。

1. 启动 jupyter-lab 服务

以 root 用户远程登录到服务器，用以下命令开启 jupyter-lab 服务，如图 10-18 所示。

```
root@ecs-1b8e：~#　jupyter-lab　--ip　" * "　--allow-root
```

```
root@ecs-1b8e:~# jupyter-lab --ip "*" --allow-root
[I 2022-02-09 12:38:46.265 ServerApp] jupyterlab | extension was successfully linked.
[I 2022-02-09 12:38:46.414 ServerApp] nbclassic | extension was successfully linked.
[W 2022-02-09 12:38:46.432 ServerApp] WARNING: The Jupyter server is listening on all IP addresses and not using encryption. This is not recommended.
[I 2022-02-09 12:38:46.437 ServerApp] nbclassic | extension was successfully loaded.
[I 2022-02-09 12:38:46.438 LabApp] JupyterLab extension loaded from /usr/local/lib/python3.0/dist-packages/jupyterlab
[I 2022-02-09 12:38:46.438 LabApp] JupyterLab application directory is /usr/local/share/jupyter/lab
[I 2022-02-09 12:38:46.440 ServerApp] jupyterlab | extension was successfully loaded.
[I 2022-02-09 12:38:46.441 ServerApp] Serving notebooks from local directory: /root
[I 2022-02-09 12:38:46.441 ServerApp] Jupyter Server 1.13.5 is running at:
[I 2022-02-09 12:38:46.441 ServerApp] http://ecs-1b8e:8888/lab?token=1bd41527f7e1787be83659bf48cbb7242205dbc992829940
[I 2022-02-09 12:38:46.441 ServerApp]  or http://127.0.0.1:8888/lab?token=1bd41527f7e1787be83659bf48cbb7242205dbc992829940
[I 2022-02-09 12:38:46.441 ServerApp] Use Control-C to stop this server and shut down all kernels (twice to skip confirmation).
[W 2022-02-09 12:38:46.444 ServerApp] No web browser found: could not locate runnable browser.
[C 2022-02-09 12:38:46.444 ServerApp]

    To access the server, open this file in a browser:
        file:///root/.local/share/jupyter/runtime/jpserver-15166-open.html
    Or copy and paste one of these URLs:
        http://ecs-1b8e:8888/lab?token=1bd41527f7e1787be83659bf48cbb7242205dbc992829940
     or http://127.0.0.1:8888/lab?token=1bd41527f7e1787be83659bf48cbb7242205dbc992829940
lab?token=1bd41527f7e1787be83659bf48cbb7242205dbc992829940[W 2022-02-09 12:39:19.317 LabApp] Could not determine jupyterlab build status without nodejs
[I 2022-02-09 12:39:26.895 ServerApp] Kernel started: a43c381b-8df2-4636-a63d-13cf8fe71f40
[W 2022-02-09 12:39:59.040 ServerApp] delete /EfficientDet_pet2 from T4_ipynb/dataset
[W 2022-02-09 12:39:59.043 ServerApp] delete /EfficientDet_pet2 from T4_ipynb/split-dataset
[I 2022-02-09 12:40:20.495 ServerApp] Starting buffering for a43c381b-8df2-4636-a63d-13cf8fe71f40:514dc969-9633-44f2-b938-62eddada3d91
[W 2022-02-09 12:40:22.752 LabApp] Could not determine jupyterlab build status without nodejs
```

图 10-18　启动 jupyter-lab

2. 上传相关文件

将 127.0.0.1 改成暂时租用华为服务器的 IP 地址 49.0.200.230。在浏览器中输入以下地址：

http://49.0.200.230：8888/lab？token＝1bd41527f7e1787be83659bf48cbb7242205dbc992829940，

如图 10-19 所示，单击"上传"按钮▣，将 Retrain_EfficientDet_Lite_detector_for_the_Edge_ TPU_(TF2_pet2).ipynb 训练程序、dataset.zip 数据集、detect_image.ipynb 检测程序上传到服务器上，为训练模型做准备。

图 10-19　上传 dataset.zip 数据集到 GPU 服务器

3. 训练模型

1）双击打开 Retrain_EfficientDet_Lite_detector_for_the_Edge_TPU_(TF2_pet2).ipynb 训练程序后，选择"Run"→"Run All Cells"命令，开始训练模型，如图 10-20 所示。

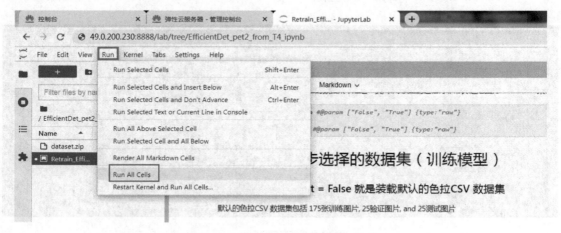

图 10-20　运行训练 EfficientDet 模型

2）整个训练过程约 10 min，训练模型完成后，会显示一张图片的检测结果，表明训练出来的模型可以识别宠物，其中 font = ImageFont.truetype("simsun.ttc", 32)表示将字体设置为 simsun.ttc（宋体），字体大小为 32，支持中文，如图 10-21 所示。

3）最后显示"Compilation succeeded!"，表明编译成功，如图 10-22 所示。

- efficientdet-lite-pet2_edgetpu. tflite 是针对 Edge TPU 边缘计算加速器优化的模型文件，执行速度快。
- efficientdet-lite-pet2. tflite 是普通 TFLite 模型文件，执行速度慢。
- pet2-labels. txt 是标签文件。

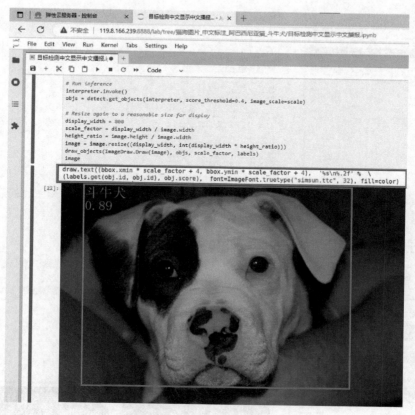

图 10-21　使用 EfficientDet 模型目标检测

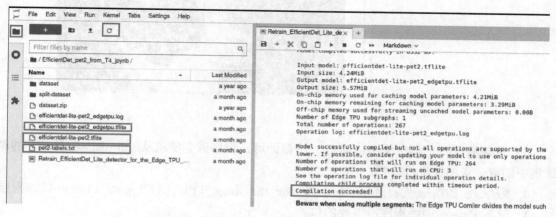

图 10-22　编译针对 edgetpu 优化的 EfficientDet 模型

4）双击程序 detect_image. ipynb，如图 10-23 所示，单击"运行"按钮▶，随机抽取一张测试图片来检测训练出的 efficientdet-lite-pet2. tflite 模型是否有效。

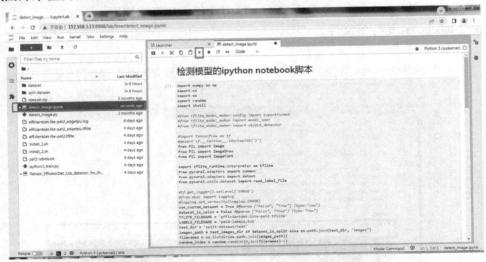

图 10-23　运行目标检测程序 detect_image. ipynb

5）运行后出现目标检测的结果，如图 10-24 所示。

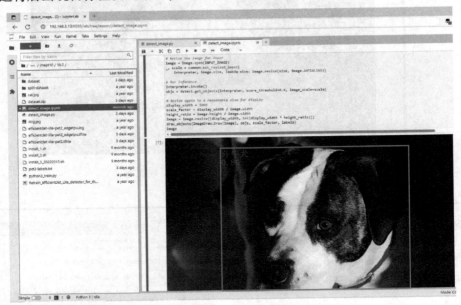

图 10-24　目标检测结果

6）重新测试时，再次单击"运行"按钮即可，程序就会随机从 split-dataset 目录下的测试集中抽取一张图片进行检测。

4. Retrain_EfficientDet_Lite_detector_for_the_Edge_TPU_（TF2_pet2）. ipynb 训练程序

1）导入 Python 训练程序所需要的包。

```
import numpy as np
```

```
import os
from tflite_model_maker. config import ExportFormat
from tflite_model_maker import model_spec
from tflite_model_maker import object_detector
import tensorflow as tf
assert tf. __version__. startswith('2')
tf. get_logger( ). setLevel('ERROR')
from absl import logging
logging. set_verbosity(logging. ERROR)
```

2）训练数据集的导入。

数据集来自前面标注好的 dataset. zip 文件，所以参数 use_custom_dataset 设置为 True，而且 dataset. zip 的数据集都没有分类，所以 dataset_is_split 参数要设置为 False。

```
use_custom_dataset = True #@param ["False", "True"] {type:"raw"}
dataset_is_split = False #@param ["False", "True"] {type:"raw"}
```

3）解压数据集 dataset. zip。

```
if not use_custom_dataset:
    train_data, validation_data, test_data = object_detector. DataLoader. from_csv('gs://cloud-ml-data/
img/openimage/csv/salads_ml_use. csv')
#@markdown Be sure you run this cell. It's hiding the 'split_dataset( )' function used in the next code-
block.
if use_custom_dataset:
    # The ZIP file you uploaded：
    # ! unzip dataset. zip
    os. system("unzip dataset. zip")

    # Your labels map as a dictionary (zero is reserved)：
    label_map = {1: 'Abyssinian_cat', 2: 'american_bulldog'}

    if dataset_is_split:
        # If your dataset is already split, specify each path：
        train_images_dir = 'dataset/train/images'
        train_annotations_dir = 'dataset/train/annotations'
        val_images_dir = 'dataset/validation/images'
        val_annotations_dir = 'dataset/validation/annotations'
        test_images_dir = 'dataset/test/images'
        test_annotations_dir = 'dataset/test/annotations'
    else:
        # If it's NOT split yet, specify the path to all images and annotations
        images_in = 'dataset/images'
        annotations_in = 'dataset/annotations'
```

4）定义 split_dataset( ) 函数。将数据集分成训练集 train_data、验证集 validation_data、测试集 test_data。

```
import os
import random
```

```python
import shutil

def split_dataset(images_path, annotations_path, val_split, test_split, out_path):
    """Splits a directory of sorted images/annotations into training, validation, and test sets.

    Args:
        images_path: Path to the directory with your images (JPGs).
        annotations_path: Path to a directory with your VOC XML annotation files,
            with filenames corresponding to image filenames. This may be the same path
            used for images_path.
        val_split: Fraction of data to reserve for validation (float between 0 and1).
        test_split: Fraction of data to reserve for test (float between 0 and1).
    Returns:
        The paths for the split images/annotations (train_dir, val_dir, test_dir)
    """

    _, dirs, _ = next(os.walk(images_path))

    train_dir = os.path.join(out_path, 'train')
    val_dir = os.path.join(out_path, 'validation')
    test_dir = os.path.join(out_path, 'test')

    IMAGES_TRAIN_DIR = os.path.join(train_dir, 'images')
    IMAGES_VAL_DIR = os.path.join(val_dir, 'images')
    IMAGES_TEST_DIR = os.path.join(test_dir, 'images')
    os.makedirs(IMAGES_TRAIN_DIR, exist_ok=True)
    os.makedirs(IMAGES_VAL_DIR, exist_ok=True)
    os.makedirs(IMAGES_TEST_DIR, exist_ok=True)

    ANNOT_TRAIN_DIR = os.path.join(train_dir, 'annotations')
    ANNOT_VAL_DIR = os.path.join(val_dir, 'annotations')
    ANNOT_TEST_DIR = os.path.join(test_dir, 'annotations')
    os.makedirs(ANNOT_TRAIN_DIR, exist_ok=True)
    os.makedirs(ANNOT_VAL_DIR, exist_ok=True)
    os.makedirs(ANNOT_TEST_DIR, exist_ok=True)

    # Get all filenames for this dir, filtered byfiletype
    filenames = os.listdir(os.path.join(images_path))
    filenames = [os.path.join(images_path, f) for f in filenames if (f.endswith('.jpg'))]
    # Shuffle the files, deterministically
    filenames.sort()
    random.seed(42)
    random.shuffle(filenames)
    # Get exact number of images for validation and test; the rest is for training
    val_count = int(len(filenames) * val_split)
    test_count = int(len(filenames) * test_split)
    for i, file in enumerate(filenames):
        source_dir, filename = os.path.split(file)
        annot_file = os.path.join(annotations_path, filename.replace("jpg", "xml"))
        if i < val_count:
```

```
            shutil. copy(file, IMAGES_VAL_DIR)
            shutil. copy(annot_file, ANNOT_VAL_DIR)
        elif i < val_count + test_count:
            shutil. copy(file, IMAGES_TEST_DIR)
            shutil. copy(annot_file, ANNOT_TEST_DIR)
        else:
            shutil. copy(file, IMAGES_TRAIN_DIR)
            shutil. copy(annot_file, ANNOT_TRAIN_DIR)
    return (train_dir, val_dir, test_dir)
```

5）使用之前定义好的 split_dataset( )函数，将数据集分成训练集 train_data、验证集 vali-dation_data、测试集 test_data，并且打印出训练集、验证集、测试集的图片个数。

```
# We need to instantiate a separate DataLoader for each split dataset
if use_custom_dataset:
    if dataset_is_split:
        train_data = object_detector. DataLoader. from_pascal_voc(
            train_images_dir, train_annotations_dir, label_map=label_map)
        validation_data = object_detector. DataLoader. from_pascal_voc(
            val_images_dir, val_annotations_dir, label_map=label_map)
        test_data = object_detector. DataLoader. from_pascal_voc(
            test_images_dir, test_annotations_dir, label_map=label_map)
    else:
        train_dir, val_dir, test_dir = split_dataset(images_in, annotations_in,
                                        val_split=0. 2, test_split=0. 2,
                                        out_path='split-dataset')
        train_data = object_detector. DataLoader. from_pascal_voc(
            os. path. join(train_dir, 'images'),
            os. path. join(train_dir, 'annotations'), label_map=label_map)
        validation_data = object_detector. DataLoader. from_pascal_voc(
            os. path. join(val_dir, 'images'),
            os. path. join(val_dir, 'annotations'), label_map=label_map)
        test_data = object_detector. DataLoader. from_pascal_voc(
            os. path. join(test_dir, 'images'),
            os. path. join(test_dir, 'annotations'), label_map=label_map)

    print(f 'train count: {len(train_data)}')
    print(f 'validation count: {len(validation_data)}')
    print(f 'test count: {len(test_data)}')
```

6）设置训练参数，设置模型为 EfficientDet-Lite0，迭代次数为 50，并导出模型。

```
spec = object_detector. EfficientDetLite0Spec( )
model = object_detector. create(train_data=train_data,
                                model_spec=spec,
                                validation_data=validation_data,
                                epochs=50,
                                batch_size=10,
                                train_whole_model=True)
model. evaluate(test_data)
```

```
TFLITE_FILENAME = 'efficientdet-lite-pet2.tflite'
LABELS_FILENAME = 'pet2-labels.txt'
model.export(export_dir = '.', tflite_filename = TFLITE_FILENAME, label_filename = LABELS_
FILENAME, export_format = [ExportFormat.TFLITE, ExportFormat.LABEL])
```

7）评估模型，并且将模型 efficientdet-lite-pet2.tflite 针对 USB Edge TPU 编译优化。

```
model.evaluate_tflite(TFLITE_FILENAME, test_data)
os.system("edgetpu_compiler efficientdet-lite-pet2.tflite")
```

10.1.5 将训练好的模型下载到树莓派

10.1.5 将训练好的模型下载到树莓派

1）使用 VNC 登录树莓派，192.168.3.15 为树莓派的 IP 地址。如图 10-25 填写好账号、密码后单击 "OK" 按钮，登录系统。

2）启动树莓派的浏览器下载文件。

启动树莓派的浏览器 Chromium，输入 49.0.200.230：8888/lab 地址，如图 10-26 所示，选中两个模型文件 efficientdet-lite-pet2_edgetpu.tflite（针对 Edge TPU 优化的模型文件，执行速度快）和 efficientdet-lite-pet2.tflite（普通 TFLite 模型文件，执行速度慢），以及 pet2-labels.txt 标签文件，右击，从弹出的快捷菜单中选择 "Download" 命令。

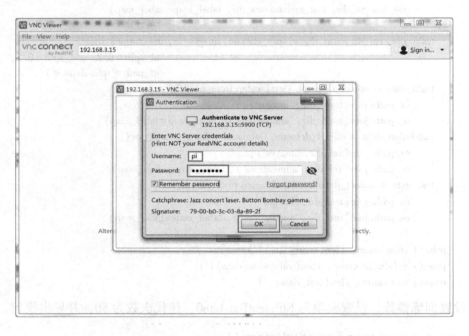

图 10-25　VNC 登录树莓派

3）下载测试的图片。将随书资源中的测试文件 dog.jpg、cat.jpg 复制到树莓派的/home/pi/lesson/chapt10/10.2 目录下。

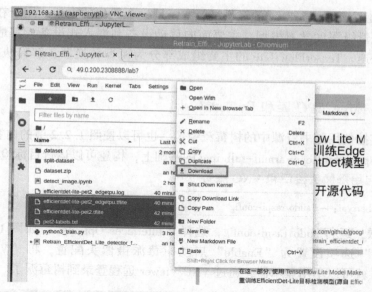

图 10-26　下载模型文件和标签文件

10.2　将模型部署在树莓派上执行目标检测

树莓派上本身没有 GPU 单元，需要配合边缘计算加速器才能快速地完成目标检测任务。Coral USB Accelerator 是谷歌公司推出的一款边缘计算加速器，专门为 TensorFlow Lite 模型提供高性能的机器学习推理，运算速度达到 4 TOPS（每秒钟提供 4 万亿次操作），官方显示其模型推理速度可达每秒 400 帧，USB 3.1 接口，外观小巧，实物如图 10-27 所示。通过一条 USB Type-C 连接线即可与树莓派主板连接。使用 Coral USB Accelerator 可以大大提高目标检测的速度，检测时间只需原来的 1/7 左右。

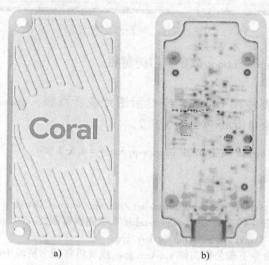

a)　　　　　　b)

图 10-27　Coral USB Accelerator 实物

a）正面　b）反面

TensorFlow Lite 是 TensorFlow 的轻量级版本，是一个优化的框架，用于在资源受限的边缘设备上部署轻量级深度学习模型，主要面向移动设备和嵌入式设备，其最大特点为轻量级、跨平台、快速。TensorFlow Lite 的主要组成部分为模型转换器、解释执行器、算子库、硬件加速。

10.2.1 安装 Edge TPU 库和 PyCoral

用户可以直接使用随书资源中的树莓派镜像，也可以按照 1.2.2 节的内容，在官方镜像 2022-01-28-raspios-bullseye-armhf-full.img 的基础上，构建可以运行目标检测的树莓派。

1. 树莓派启用摄像头接口和 VNC 服务

```
pi@raspberrypi：~ $sudo raspi-config
```

登录树莓派，运行 sudo raspi-config，选择"Interfaces Options"，如图 10-28 所示，将"Legacy Camera"选项设置为"Enable"启动树莓派摄像头配置，将"VNC"也设置为"Enable"，这样就可以不用显示器，通过 VNC Viewer 远程登录到树莓派了。

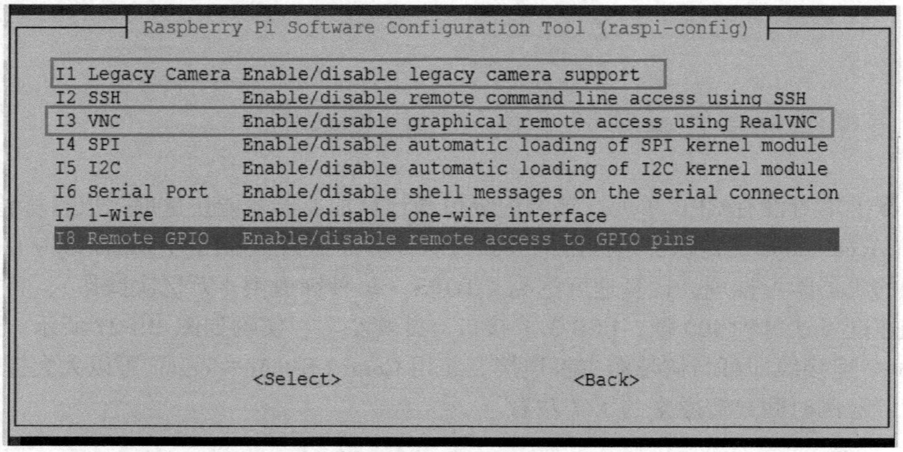

图 10-28　树莓派配置界面

完成设置后，使用 sudo reboot 命令重启树莓派。

2. 安装 opencv-python

因为 python 程序需要使用 OpenCV 库显示图片或者视频，opencv-python 4.5.3.56 版本能够比较好地兼容树莓派自带的 Python 3.9.2。

```
pi@raspberrypi：~ $sudo pip3 install opencv-python==4.5.3.56
```

3. 安装 Edge TPU 库

```
pi@raspberrypi：~ $sudo cp coral-edgetpu.list /etc/apt/sources.list.d/
```
（解释：将随书资源中的文件 coral-edgetpu.list 下载到树莓派的/etc/apt/sources.list.d/目录下）
```
pi@raspberrypi：~ $sudo apt-key add apt-key.gpg
```
（解释：通过 scp 命令下载公钥文件 apt-key.gpg，或者将将随书资源中的文件 apt-key.gpg 上传到树莓派的/home/pi/目录下，再把公钥文件 apt-key.gpg 导入到本机）
```
pi@raspberrypi：~ $sudo apt-get update
```

```
pi@raspberrypi: ~ $sudo apt-get install libedgetpu1-std
```
正在读取软件包列表… 完成
正在分析软件包的依赖关系树… 完成
正在读取状态信息… 完成
下列【新】软件包将被安装：
   libedgetpu1-std
升级了 0 个软件包,新安装了 1 个软件包,要卸载 0 个软件包,有 0 个软件包未被升级。
需要下载 0 B/341 KB 的归档。
解压缩后会消耗 801 KB 的额外空间。
正在选中未选择的软件包 libedgetpu1-std:armhf。
（正在读取数据库 … 系统当前共安装有 176346 个文件和目录。）
准备解压 …/libedgetpu1-std_16.0_armhf.deb …
正在解压 libedgetpu1-std:armhf（16.0）…
正在设置 libedgetpu1-std:armhf（16.0）…
正在处理用于 libc-bin（2.31-13+rpt2+rpi1+deb11u2）的触发器 …
```
pi@raspberrypi: ~ $
```
（解释：更新后,安装 libedgetpu1 标准库,libedgetpu1-std 的 FPS 在 22.6 左右。
libedgetpu1-max 运行频率更高,发热量太大,不建议安装）

    将 Edge TPU 通过 USB 3.0 连接线，接到树莓派的 USB 3.0 接口，如果已经连接好，就先拔下，再插入树莓派的 USB 3.0 接口，这样才能使安装的 Edge TPU 库生效。

4. 安装 PyCoral 库

    PyCoral 是一个架构在 TensorFlow Lite 库的上层 Python 库，方便开发人员开发各种应用。在以下的代码案例中使用的就是 PyCoral API 库编写的 Python 程序。在树莓派上安装 PyCoral library 使用以下命令。

```
pi@raspberrypi: ~ $sudo apt-get install python3-pycoral
```
正在读取软件包列表… 完成
正在分析软件包的依赖关系树… 完成
正在读取状态信息… 完成
将会同时安装下列软件：
   python3-tflite-runtime
下列【新】软件包将被安装：
   python3-pycoral python3-tflite-runtime
升级了 0 个软件包,新安装了 2 个软件包,要卸载 0 个软件包,有 0 个软件包未被升级。
需要下载 0 B/4,251 KB 的归档。
解压缩后会消耗 13.6 MB 的额外空间。
您希望继续执行吗?［Y/n］y
正在选中未选择的软件包 python3-tflite-runtime。
（正在读取数据库 … 系统当前共安装有 176353 个文件和目录。）
准备解压 …/python3-tflite-runtime_2.5.0.post1_armhf.deb …
正在解压 python3-tflite-runtime（2.5.0.post1）…
正在选中未选择的软件包 python3-pycoral。
准备解压 …/python3-pycoral_2.0.0_armhf.deb …
正在解压 python3-pycoral（2.0.0）…
正在设置 python3-tflite-runtime（2.5.0.post1）…
正在设置 python3-pycoral（2.0.0）…
```
pi@raspberrypi: ~ $
```

安装 python3-pycoral 的时候，会自动安装 TensorFlow Lite 的 python3 运行库 python3-tflite-runtime。

10.2.2 使用 Edge TPU 进行目标检测

运行目标检测程序 detect_image. py，就能显示图片和目标位置了。使用随书资源中的 VNC 远程登录工具登录到树莓派，输入树莓派的 IP 地址 192.168.3.15。将编译好的模型文件和标签文件下载到树莓派之后，通过 VNC 登录树莓派执行目标检测。

1）使用普通 TensorFlow Lite 模型执行目标检测，结果如图 10-29 所示。

```
pi@raspberrypi：~ $cd ~/lesson/chapt10/10. 2/
pi@raspberrypi：~/lesson/chapt10/10. 2$python3 detect_image. py  \
--model efficientdet-lite-pet2. tflite  \
--labels pet2-labels. txt  \
--input dog. jpg  \
--output  /tmp/output. jpg
```

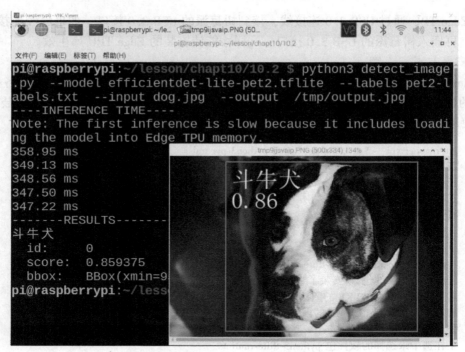

图 10-29　使用普通 TensorFlow Lite 模型执行目标检测

2）使用针对 Edge TPU 优化的 TensorFlow Lite 模型执行目标检测，结果如图 10-30 所示。

```
pi@raspberrypi：~ $cd ~/lesson/chapt10/10. 2/
pi@raspberrypi：~/lesson/chapt10/10. 2$python3 detect_image. py  \
--model efficientdet-lite-pet2_edgetpu. tflite  \
--labels pet2-labels. txt  \
```

```
--input dog.jpg    \
--output   /tmp/output. jpg
```

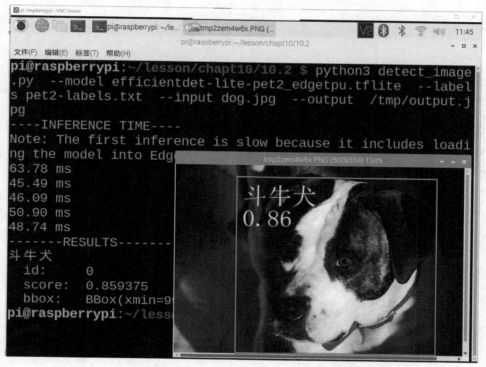

图 10-30　使用针对 Edge TPU 优化的 TensorFlow Lite 模型执行目标检测

3）通过执行结果可以看到 efficientdet-lite-pet2_edgetpu. tflite 模型文件是针对 Edge TPU 优化的模型文件，执行速度快，检测时间不到 50 ms；efficientdet-lite-pet2. tflite 是普通 TFLite 模型文件，执行速度慢，检测时间需要 350 ms。

10.3　本章小结

本章讲解了如何使用 TensorFlow Lite 模型进行目标检测，并且还使用了 Coral USB Accelerator Edge TPU 加速目标检测的速度；还介绍了如何使用 LabelImg 标记数据集，使用 TensorFlow Lite Model Maker 工具训练 EfficientDet 模型。使用 Edge TPU TFLite 编译器，将普通 TensorFlow Lite 模型编译成针对 Coral USB Accelerator Edge TPU 适用的快速模型，大大提高了目标检测的速度。

10.4　习题

请自行制作一类物品的数据集，用中文进行标注，并用该数据集训练出 EfficientDet 模型，执行目标检测，将识别结果用中文显示，并用中文语音播报出来；最后编译成可以在 Coral USB Accelerator Edge TPU 上使用的快速模型。

参 考 文 献

［1］ Raspberry Pi 基金会．Raspberry Pi Official Website ［EB/OL］．［2022-4-20］．https：//www. raspberrypi. org/.

［2］ 鸟哥．鸟哥的 Linux 私房菜：基础学习篇 ［M］.4 版．北京：人民邮电出版社，2018.

［3］ 明日科技．Python 树莓派开发从入门到精通 ［M］．北京：清华大学出版社，2021.

［4］ Coral USB Accelerator. Official Website ［EB/OL］. https：//coral. ai/products/accelerator/.